はじめに

牛乳を搾る姿が、六〇〇〇年も昔のアフリカの岩絵にあり、四三〇〇年前のエジプトの墓にはチーズが描かれるなど、人類は太古から乳と乳製品を摂ってきました。三〇〇〇年前には牛乳はポピュラーな食品になり、ギリシャ・ローマではチーズが食べられていました。紀元前五〇〇年頃には、釈迦が牛乳や乳製品を「栄養価に富み美味しい食物である」と言われ、医学の祖とされるギリシャのヒポクラテスは「乳は完全に近い食品である」と述べたそうです。十三世紀に中国に旅したマルコ・ポーロは、アジアの遊牧民が乾燥乳や発酵乳を食べていることを記しています。チベットやモンゴルでは、昔から羊乳や山羊乳のバターが作られています。

弥生時代から主に農耕で生きてきた日本人は、畜乳を摂る習慣がほとんどありませんでしたが、奈良から平安時代には都で牛が飼われ、牛乳が皇族の食事に用いられたといいます。明治以降は次第に牛乳が摂られるようになり、かつては貴族などの一部の人だけの食品であった牛乳・乳製品が、民間でも消費されるようになりました。しかし現在でも欧米諸国に比べると、栄養価に富んだ牛乳・乳製品の消費量は、国民一人当たりで四分の一程度です。特にタンパク質とカルシウムの多いチーズの消費量が少ないのが特徴です。チーズからのカルシウム吸収は効率的で、育ち盛りの青少年や、骨粗しょう症を起こしやすい更年期以降の女性や、高齢者の重要な栄養源です。また生きた乳酸菌が入ったヨーグルトなどの発酵乳は、腸内の細菌相の改善を促す優れた健康食品といわれています。日本人はまだまだ多くの牛乳・乳製品を食生活に取り入れるべきでしょう。

牛の仔は生後五〇日で体重が二倍になりますが、本来この期間は牛乳だけで育ちます。この点で牛乳は子牛にとって完全栄養食品です。母乳も完全食品で、赤ん坊は体重が二倍になるのに一〇〇日かかります。牛乳と母乳の栄養成分とそれらの濃度はかなり異なりますが成分だけからみると人の母乳に利用できる成分を豊富に含んでいるとも言えます。そこで、母乳のある程度を牛乳を加工することで置き換えることができるわけです。また、幼児から老人まで補助的に摂られる牛乳と乳製品は、大切な栄養源になります。一方、牛乳と乳製品は非常に多様な加工食品、例えば、チョコレート、キャラメル、ケーキ、パン、スープなどの原料として、風味と栄養価の向上のために使われています。

牛乳、バター、粉乳などの価格は、国内酪農業保護のために高値に維持されており、諸外国の二倍以上します。しかし、他の食品に比べて決して高価ではありません。それは日本の食品価格が、他の先進国に比べて二倍以上高めなためです。この本は牛乳・乳製品の栄養価について解説し、生活習慣病の予防を含めて、牛乳・乳製品摂取の有効性をいろいろな角度から述べました。

牛乳がどのように生産されているかということや、牛乳の殺菌方法と栄養の問題、それらの利害得失を考えました。また、日本の酪農と酪農先進各国との比較、日本酪農の抱える問題点にもふれました。

本来酪農・畜産は、人が直接利用できない草本のエネルギーを、乳や肉に変える農業です。狂牛病が一つの帰結であった近代酪農には、反省が始まろうとしています。これをもっと自然な姿に返そうとする人々、地域生産・地域消費の観点で、新しい酪農を志す酪農家についても紹介しました。

この本を通じて、読者が牛乳・乳製品の知識を深め、親しみを持って下されば幸せです。

二〇〇二年八月

藤田　哲

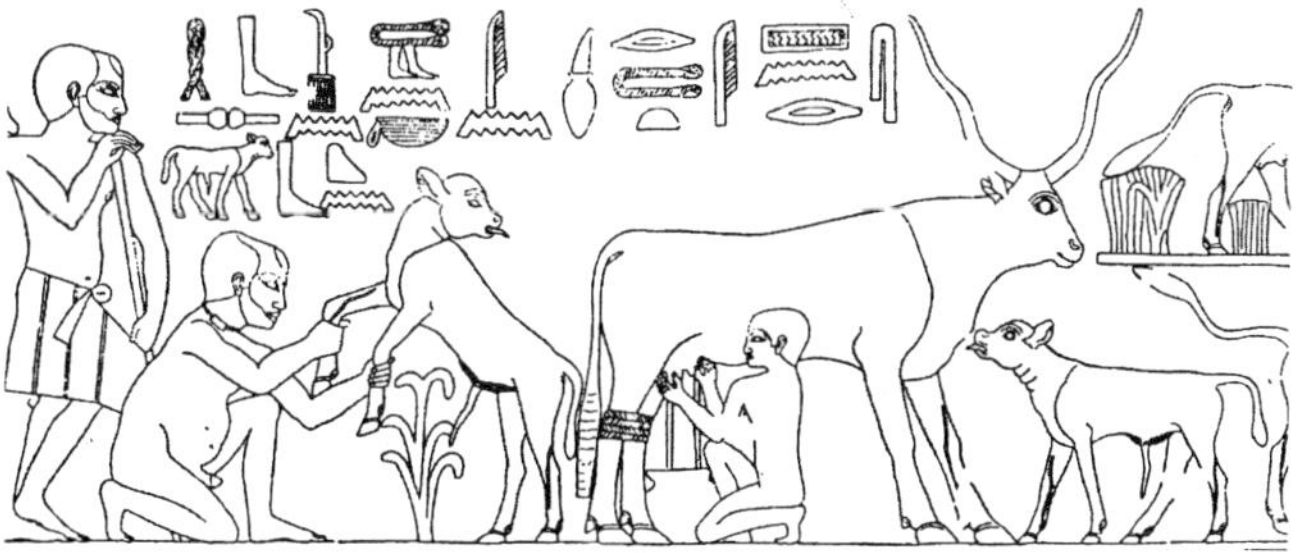

エジプト第5王朝の乳絞り　紀元前2350年

目次

第6章　日本の酪農の現状と国際比較

牧場から健康を

これからの酪農と牛乳の栄養価

子牛より、肉用の和牛の方が高く売れるので、ホルスタインの母牛が和牛の子を産んだりします。母牛の乳房は子牛の誕生に備えて発達し、子牛が誕生すると初乳という黄色くて濃い乳が出てきます。誕生した子牛の体重は約四〇キログラムで、生後数時間で母牛から乳を飲み始め、牧場では母牛のそばで数日間は初乳を飲みます。初乳は普通の乳（常乳）と異なり、タンパク質とビタミン、ミネラルが多く、特に免疫グロブリンが多量に含まれます。免疫グロブリンは病原菌などに対する抗体で、子牛は初乳によって病気に打ち勝つ免疫を獲得します。子牛の抗体吸収力は生まれたての時点が最高で、二日目にはほとんど失われます。初乳の鉄分やビタミンAは常乳の十倍以上あり、子牛の発育に重要です。初乳の成分や栄養的な特徴は母乳（人乳）でも同様です。出産後六日目の乳は常乳とほぼ同じになります。日本の食品衛生法（乳等省令）は、母牛の分娩後五日以内の乳の販売を禁止しています。

⑵　思春期まで－代用乳や人工乳で早めの乳離れ

牛乳は本来子牛のためのものですが、子牛の分け前を減らして人が利用しなければ、酪農業は成り立ちません。牛や羊などは反すう動物で、牛では胃が四個あり、これらを第一胃〜第四胃と呼び、人の胃に相当するのは第四胃で、それ以外を前胃といいます。第一胃は最も大きくて一五〇リットルもあり、食いだめのため袋といえます。牛は第二胃に送られた餌を第一胃に戻して混ぜ合わせ、これを口に戻して反すうします。細かくされて、再び飲み込まれた餌はひだの多い第三胃から第四

写真 1.1　北海道養老牛地区の育成牛の放牧

胃に送られ、本格的な消化が始まります。これらの胃の中には多数の微生物が共生し、飼料成分を分解し牛のためになる栄養分を作ります。

生まれたての子牛では第一胃の発達が不十分で、普通の餌は受け付けません。生後一〇日目くらいから少量の固形飼料を消化できるようになり、半月程度で反すうが始まります。自然な状態では、次第に普通の餌が増えて半年程度で離乳しますが、酪農業ではそうすることができません。そこで代用乳や人工乳が子牛に与えられます。代用乳は脱脂粉乳、脂肪（牛脂）、穀粉、ミネラル、ビタミンなどを混合して乳状にしたもので、人工乳は穀粉、大豆粉、ミネラル、ビタミンなどを配合してから粒状にしたものです。これらを与えることで前胃が発達し、五〜六週で牛乳を与えないですむようになり、濃厚飼料や普通飼料を与えます。五〜六か月たつと体重が一六〇キログラム程度になり、乾草などの飼料で成育できるようになります。この時期は牛の足腰を鍛えるため、放牧したりして運動させます。育成期間中は体重が増え続け、一〇か月から一年で二六〇キログラム程度になり、思春期（発情期）に達します。雌の子牛は育成を続けますが、雄の子牛はと殺して肉用にされます。北海道東部の酪農地帯では、内地向けの育成牛の生産が行われます。

(3) 成熟期―一〇年間の乳牛生活のあとは肉牛へ

発情期に達した雌牛はさらに育成が続けられ、標準的には、一五か月後に体重が三五〇キログラム程度になります。ここで雌牛には、優秀な種牛の精子による人工授精を行うか、優秀な雄・雌牛の受精卵を子宮内に着床させます。妊娠後約二八〇日で子牛が生まれ、牛乳の分泌が始まります。出産後は一か月経つとまた発情が始まるので、一年に一回出産させて、通年牛乳を生産させるため、出産後一〜三か月以内にまた妊娠させます。妊娠五か月くらいから牛乳の生産が減り始めるので、七か月程度で搾乳を中止し、次の出産まで乳腺機能を回復させます。このため乳牛の搾乳期間は、一年間で約一〇か月ということになります。

毎年出産を繰り返して、生後六、七年経つと体重は六〇〇キログラム程度になります。牛乳生産量には個体差があり、以前はおよそ六回目の出産から生乳生産が減り始めました。粗飼料《そしりょう》で育てた牛の乳生産は、一〇年以上も続きますが、最近は濃厚飼料で多量の乳を出させるため、二、三回の出産で乳量が衰えるとされます。また牛の年齢が高まると、乳中に混入する体細胞数（乳腺からはげ落ちる細胞）が増加します。そこで、乳の生産量によって廃牛の時期が定められます。廃牛の時期は以前は八、九歳でしたが、今日では五、六歳に縮まりました。人でいえば二十歳程度を高齢牛と呼ぶようです。廃用の牛は肉用にするため、約三か月間肥育用の飼料を与えられて、と殺されます。生物としての乳牛の寿命は二〇～三〇年ですが、ほとんどの牛が長くても一〇年以下で殺されることになります。乳牛としての役目を果たしたホルスタインの牛肉は、一九九八年に国内の牛肉の約五三%を占めていました。このように乳牛は、牛乳生産と牛肉供給の両面で役立っています。

牛乳生産用の牛には、ホルスタイン種、ジャージー種、エアシャー種、ガンジー種などがあります。乳量は、与えられる濃厚飼料の量によって異なります。ホルスタイン種は年間五〇〇〇～八〇〇〇キログラムの生乳を生産し、ジャージー種は約四〇〇〇キログラムの生産です。日本ではほとんどホルスタイン種ですが、一頭当たり一日二五～三〇キログラム、現在年間平均で約七三〇〇キログラムの生乳を生産しています。一頭当たりの生乳生産は毎年七%以上増加しており、多量な濃厚飼料の給餌《きゅうじ》を反映しています。

(4) 狂牛病（ＢＳＥ：牛海綿状脳症）と牛乳の安全

二〇〇一年九月の日本での狂牛病（ＢＳＥ）発見から、牛肉ばかりでなく一時は牛乳にまで、消費者の不安が広がるかに見えました。しかしその心配は無用であって、牛乳・乳製品の消費にまでは影響しませんでした（図1・1）。

一九八〇年代後半にイギリスで発生したＢＳＥは、九〇年代になって他のヨーロッパ諸国に広が

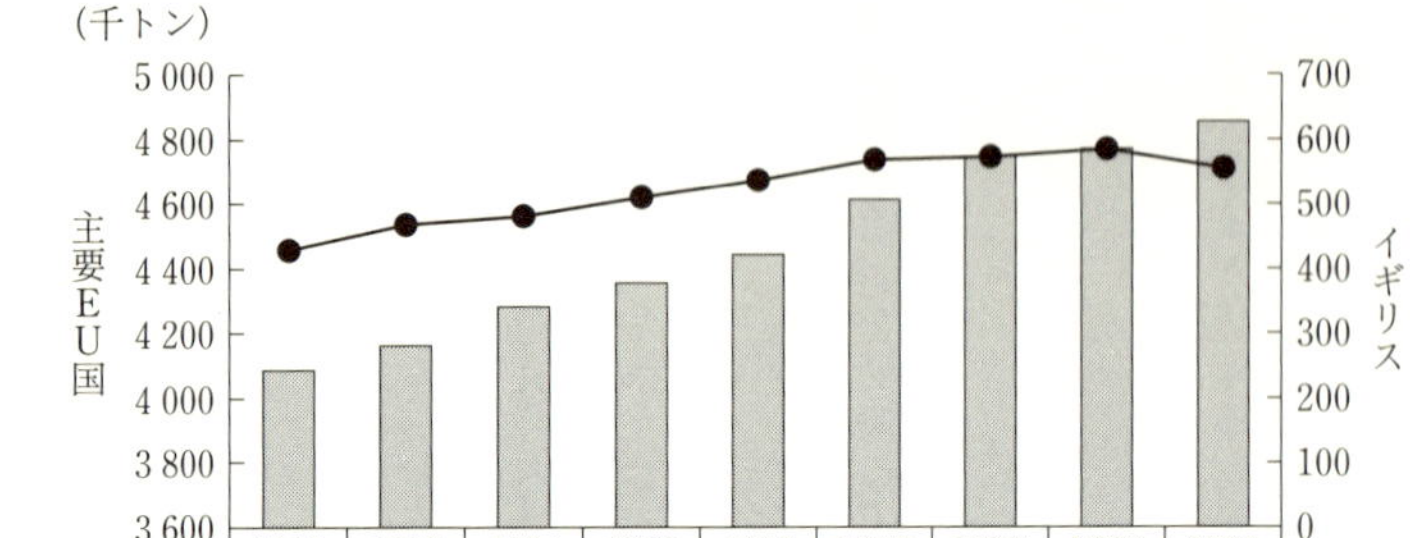

	1992	1993	1994	1995	1996	1997	1998	1999	2000
主要EU国	4 092	4 161	4 279	4 350	4 446	4 616	4 733	4 764	4 847
イギリス	431	470	481	512	535	569	577	584	553

注1）EU国は、デンマーク、フランス、ドイツ、アイルランド、イタリア、オランダ、スペイン
注2）2000年は暫定値
資料：USDA

図1.1　牛乳・乳製品の消費動向

りました。図1・2に示すとおり、イギリスではBSEが減少に向かっていますが、ヨーロッパ諸国（特にフランス、アイルランド、ポルトガル）で増加中です。原因はイギリスから輸出された肉骨粉と考えられています。一九九七年に肉骨粉の使用を禁止したアメリカ、元々使用しなかったオーストラリアとニュージーランドでは、BSEが発生していません。

「病原体プリオンが、人に新種のクロイツフェルト・ヤコブ病を起こす可能性を否定できない」とする、一九九六年のイギリス政府の発表以来、大変な騒ぎになりました。二〇〇一年十一月までにイギリスでは一一一人が、ヨーロッパでは四人がこの病気で死にました。しかし、今日までヨーロッパの一人当たりの牛乳消費は減っていませんし、チーズの消費は毎年増加してきました。各国政府や国際機関は牛乳・乳製品の安全性に多大の注意を払い、消費者に安全性が十分認識されていることを示しています。

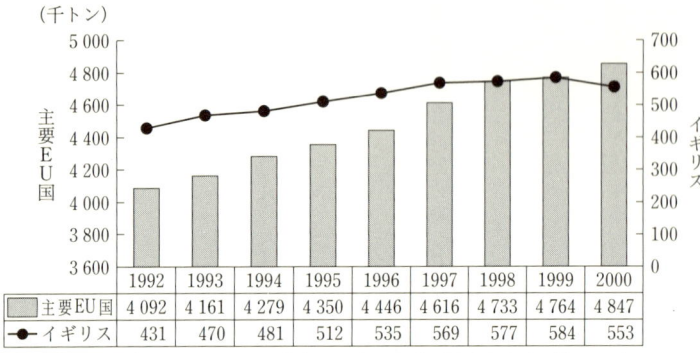

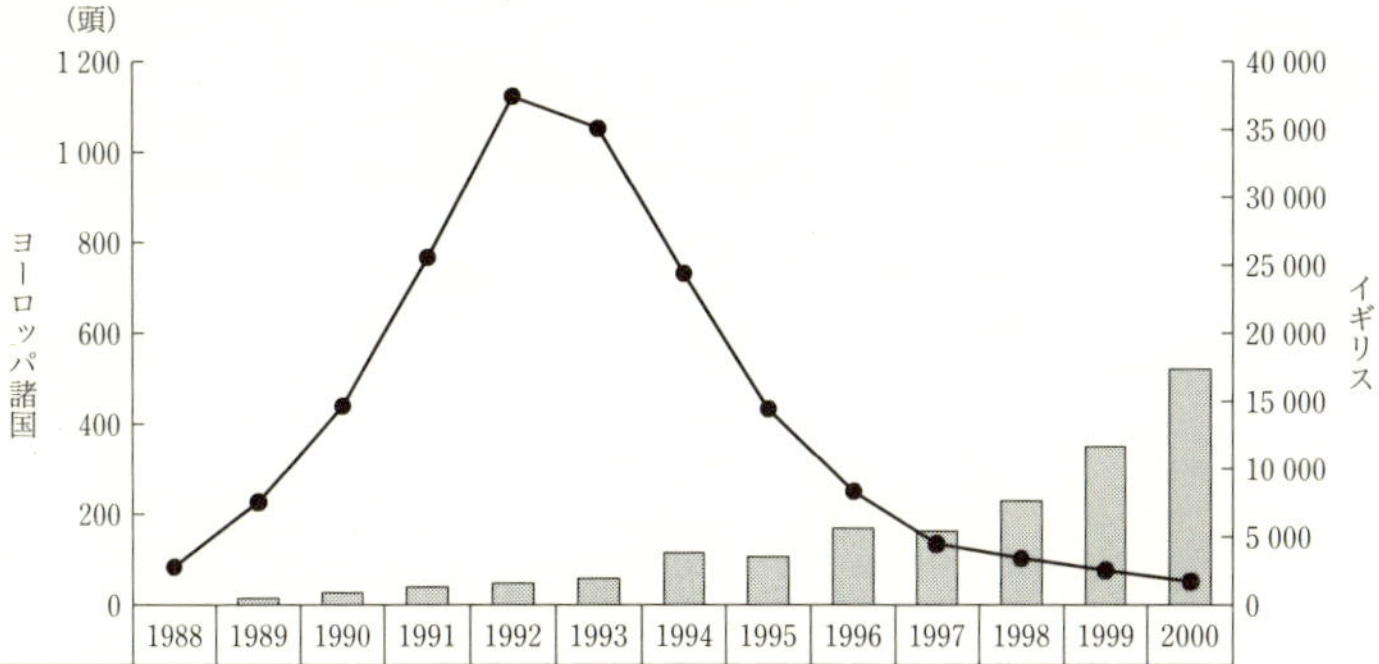

	1988	1989	1990	1991	1992	1993	1994	1995	1996	1997	1998	1999	2000
イギリス	2 473	7 228	14 407	25 359	37 280	35 090	24 438	14 562	8 149	4 393	3 235	2 301	1 443
ヨーロッパ諸国	0	15	17	31	36	49	104	101	159	156	221	342	514
デンマーク	0	0	0	0	1	0	0	0	0	0	0	0	1
フランス	0	0	0	5	0	1	4	3	12	6	18	31	161
ド イ ツ	0	0	0	0	1	0	3	0	0	2	0	0	7
アイルランド	0	15	14	17	18	16	19	16	73	80	83	91	149
ポルトガル	0	0	1	1	1	3	12	14	29	30	106	170	163
ス イ ス	0	0	2	8	15	29	64	68	45	38	14	50	33
イタリア	0	0	0	0	0	0	2	0	0	0	0	0	0

出典：国際獣疫事務局（OIE）、英国農漁食糧省

図 1.2　牛海綿状脳症（BSE）の症状状況

ＢＳＥ罹患《りかん》牛の牛乳の安全性の研究結果が、一九九五年に発表されました。ＢＳＥの前期、中期、後期の乳牛から搾乳した生乳を、二七五匹のマウスによる試験に用いました。マウスの第1群は、離乳直後の脳と腹腔内に牛乳を接種して、六五三日間、第2群は水の変わりに牛乳を四〇日間与え、七〇二日間の神経症状を観察しました。前者の投与は、マウスに四リットルの牛乳を与えた試験に相当します。後者の量は、成人が一日当たり五七〇グラムの牛乳を六・八年間飲み続けた量に相当します。結果は両群ともに、神経症状とＢＳＥ症状は現れませんでした。その後も多くの研究が行われていますが、牛乳と牛肉からのＢＳＥ感染は見出されていません。

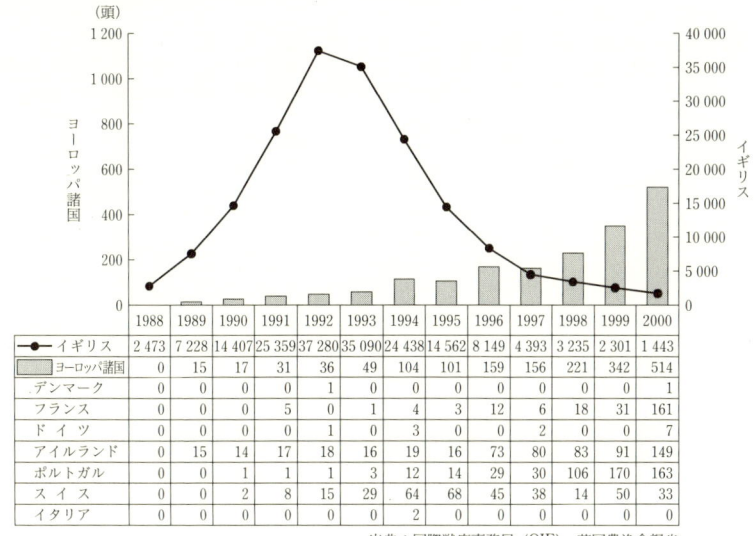

2　飼料から牛乳まで

(1)　乳牛の飼料－粗飼料と濃厚飼料と乳量

牛は草食動物で、元来は草や木の葉を餌に生命を維持し繁殖してきました。酪農業は元来、人の食用に適さない草本の植物を食品に変える農業で、耕作に適しない原野や、山裾の傾斜地を牧場として有効に利用してきました。牧草類の収穫は年に二回程度行われます。放牧では牛が草を食べ、その糞尿で牧草地の施肥をしてくれます。この点で酪農は国土の有効な利用法です。しかし、自然状態に近い飼育では生乳の生産量は少なく、酪農業として牛乳生産の経済性を維持できないと考えられてきました。世界的にも、放牧と牧草主体の酪農は少数派になってきました。羊や牛が放牧だけで飼われている国は、ニュージーランドやモンゴル、中央アジアなどです。

乳牛の飼料は、かさばって繊維質の多い粗飼料と、穀物や大豆、肉骨粉のような栄養価の高い濃厚飼料の二種に分類されます。粗飼料は乾草《ほしくさ》、わら、根菜かす、生草を、サイロと呼ばれる筒状の塔の中で、乳酸菌で発酵させたものが主でした。サイロは牧場の象徴的な建造物ですが、作業に大変な労力を要するため、最近は使われなくなりました。そのかわり牧草を緻密な筒状に丸めて、ビニールシートで包んで発酵させたり、牧草を積み上げて被ったりします（写真１・２参照）。牛は粗飼料だけで十分飼養することができます。濃厚飼料とは、トウモロコシ（メイズ）、油を搾った大豆粕、なたね粕、乾燥した動物体（魚粉、肉骨粉）など、タンパク質や炭水化物の多い、栄養価が

写真 1.2　北海道の一般的な牧場風景（中標別）
（運動はさせるが放牧はしない）

濃縮された飼料です。

牛乳生産では粗飼料が基本で、これに濃厚飼料を適当に混合して、飼養管理がなされており、餌の配合問題は優良個体の選定と同様に重要です。例えば、良質の牧草だけで六〇キログラムの乳牛を飼育すると、乳量は一日二〇キログラムが限界とされます。しかし、濃厚飼料を補うと日量で三〇キログラムの乳量が獲られます。このように現在の酪農では、濃厚飼料は必須な条件になっています。人の健康保持の計算に栄養成分表と、栄養所要量の数字が必要なのと同様に、乳牛や家畜の飼養にも標準飼料分析表が用いられます。

質の良い牧草だけで乳牛を飼うには、一頭当たり二〇～三〇アールの放牧地が必要とされ、これに晩秋から春までの乾草収穫を加えると、一頭について一ヘクタールの土地が必要とされます。冬の厳しい地域ほど広い土地が必要になり、日本でこれだけの土地が確保できる場所は、山間部を除くと北海道の一部に限られます。

日本では、乳牛一頭当たりの年間平均乳量は、七〇〇〇～八〇〇〇キログラムです。この量はアメリカと同程度で、世界のトップクラスです。乳量は、牛の品種、飼料その他の飼育方法、気候変化によってかなりの差があります。放牧が主体のニュージーランドでは三一〇〇～三五〇〇キログラム、ＥＵ一五か国平均で五五〇〇～五七〇〇キログラム程度です。

一頭当たり年間七〇〇〇キログラムの牛乳を生産するためには、固形物で八八〇キログラム、ミネラルのリンが七キログラム、カルシウムは八・五キログラムが必要です。六〇〇キログラムの牛体から水を除いた固形物は二五〇キログラムですから、乳牛は一年に、固形物としての体重の三・五倍を乳として生産しています。その上、生活エネルギーと新陳代謝、妊娠のための養分（エネルギー）を必要とします。人は必要なタンパク質を食品中のタンパク質から作りますが、牛の場合も餌からタンパク質を摂りしかもその利用効率が高いのが特徴です。第一胃の中では微生物が繁殖し、セルロースなど簡単には分解しない物質が分解されて、栄養分に変化します。また、微生物が作ったタンパク質なども栄養になります。これらの点で牛乳生産は、太陽エネルギーの効率的な利用法と言えます。余談ですがバターに酪酸などの短い脂肪酸が多いのは、消化管の微生物の発酵作用で、短鎖の脂肪酸ができるためです。これらの脂肪酸はバターの風味や消化性に貢献します。

(2) 乳房の中で起こること、そして乳搾り（搾乳）

牛の乳房は左右二つあり、各々の乳房に二個の乳頭がついています。図1・3に乳を分泌する乳腺上皮細胞から乳房までを、拡大倍率を三段階に変えて示しました。乳頭には一つの乳頭孔（乳の出る穴）があり、その内側に乳頭槽という空間があります。乳頭槽に続いて大きな袋の乳腺槽があり、ここに多くの大乳管が開いており、さらに大乳管は枝分かれして小乳管になり、小乳管には多くの乳腺胞がついています。乳腺胞は乳腺上皮細胞に囲まれた袋状の器官で、牛乳は乳腺上皮細胞で作られ、乳胞腔にたまります。乳腺腔→小乳管→大乳管→乳腺槽の順で、川の流れのように集まってきた牛乳は大乳管と乳腺槽にたまり、時間と共に乳房が大きく張ってきます。人の場合は多数の大乳管が直接乳首に開いていますが、牛の乳頭は孔が一個で、搾ると乳が勢いよく飛び出してきます。

乳腺胞の周囲には、毛細血管網を挟んで動脈と静脈がきています。乳腺上皮細胞は動脈から養分を得て、細胞内部の小胞体でタンパク質と乳脂肪を合成し、ゴルジ体で乳糖を作ります。タンパク質はゴルジ体でカゼイン粒とホエータンパクになり、乳糖分子と共に乳腺腔に分泌されます。微細な乳脂肪は細胞内で合体を繰り返し、乳脂肪球になって乳腺腔に分泌されます。このようにして牛乳が作られますが、乳脂肪球は乳腺上皮細胞の細胞膜をかぶって分泌されるので、表面がレシチン

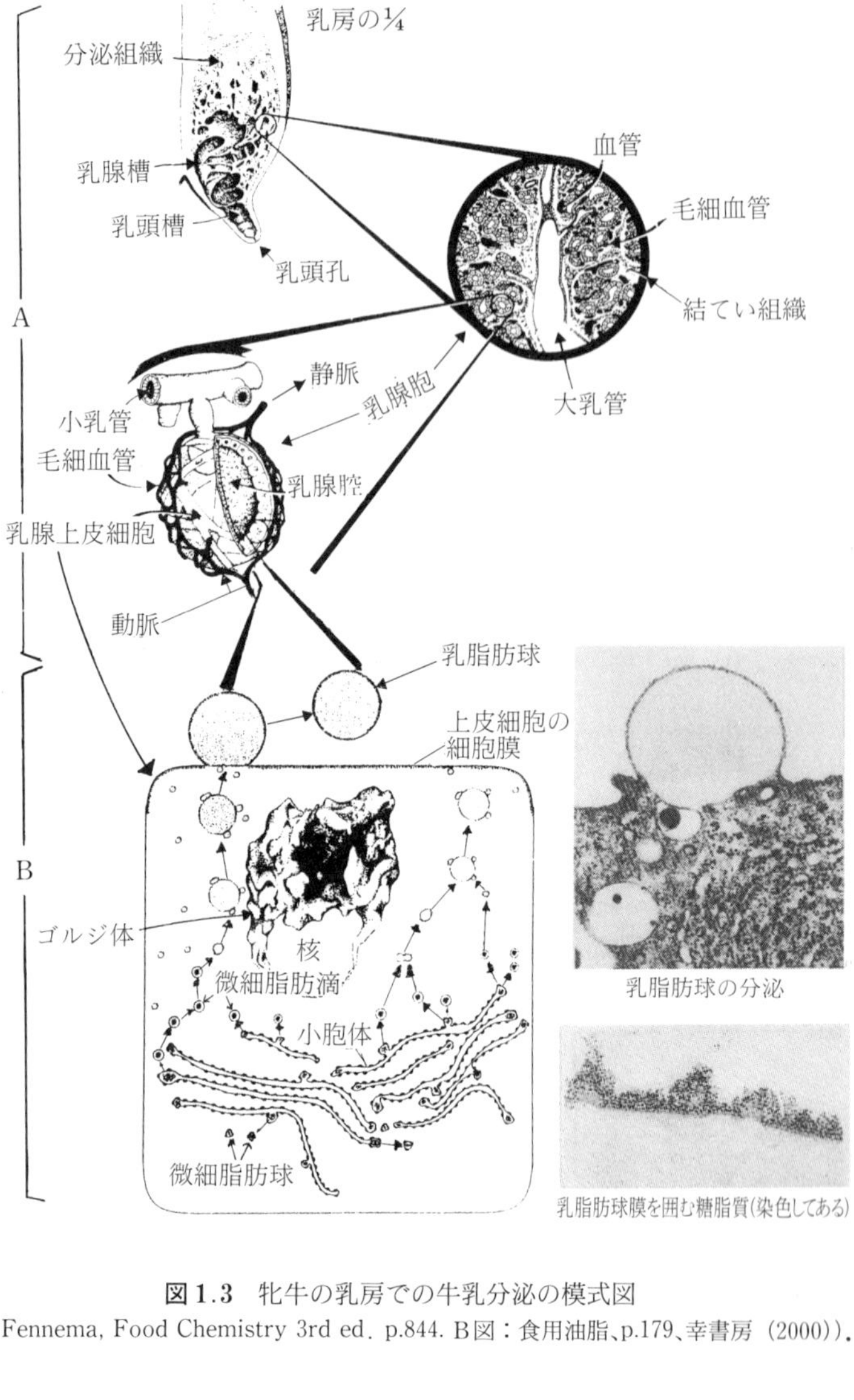

図1.3　牝牛の乳房での牛乳分泌の模式図

（A図：Fennema, Food Chemistry 3rd ed. p.844. B図：食用油脂、p.179、幸書房（2000））.

などのリン脂質とタンパク質で覆われます。脂肪は水に溶けないのですが、水になじみやすい膜で覆われるため、乳脂肪球の水中での乳化状態が安定します。

牛乳の栄養素合成に用いられる原料は、雌牛の消化管で吸収され肝臓経由で体内を循環するアミノ酸とペプチド、グルコース、脂肪酸とグリセロール（グリセリン）などです。牛乳の合成過程では、一リットルの牛乳を作るために必要な血液は、四〇〇～五〇〇リットルとされます。牧草にはカリウムが多くナトリウムが少ないので、バランスをとるために草食獣はナトリウム（食塩）を摂る必要があります。雌牛に摂取されたミネラルは牛乳中に出てきます。牛乳の浸透圧は、血液やリンパ液の浸透圧と釣り合って同じに保たれます。

牛乳の浸透圧は、ミネラルと乳糖の濃度に支配され、タンパク質と脂肪に無関係です。血液の浸透圧は常に一定ですから、牛乳の浸透圧も変化せず、常に一定に保たれ、個体差はありません。そこでヨーロッパでは、牛乳の水増しをチェックするために、浸透圧測定が義務づけられています。また氷点は浸透圧に比例しますので、牛乳の氷点は常に一定で、イギリスでは水増しチェックに氷点測定を行います。

3　牛乳の中味は一定ではない

(1)　乳牛の種類と年齢、飼料の影響

乳牛には、日本で飼われているホルスタイン以外に、多くの種類があります。中央アジアの高地に住むヤク牛も、インドのセブ牛も乳牛の役目を果たしています。ヨーロッパ由来の多くの品種を含めて、牛乳の固形物濃度と成分組成はかなり異なります。ホルスタインの乳は、全固形分が一二％強で乳脂肪分が三・五％と低く、ジャージーやガンジー種では全固形分が一五％弱で、乳脂肪分は五％強です。同じホルスタイン種でも、系統によって濃い薄いがあります。

一般に乳量と乳の固形分の濃さは反比例の関係にあります。飼料によっても乳の濃さは変化し、牧草だけでは薄くなり、高エネルギーの濃厚飼料を与えると乳脂肪は高めになります。また齢をとると全般的に乳は薄くなります。

(2)　季節や温度による変化

暑さと高湿度は乳量と牛乳の濃度に影響します。インドなど熱帯地方原産の牛を除くと、特に気温が三〇℃を超えたり、二五℃以上で湿度が高まると、乳量と無脂乳固形分が減り、乳脂肪が増加します。牛は寒さには強い動物で、気温がマイナスになると飼料の摂取が増え、乳量はほとんど低下しません。夏冬の比較では、初夏から夏にかけては青草を多く摂り、乳量は増えますが牛乳は薄

くなります。冬にはサイレージの粗飼料を摂り、また濃厚飼料の比率が高まるので、牛乳は濃くなります。季節による栄養価の変化は、牛乳の濃さだけではありません。ビタミンを例にすると、ビタミンAは夏に多く冬に少なくなり、その差は三倍にもなります。

同じ牛乳でも、牛の品種、飼料、国や地域が異なると、成分が違ってきます。世界の牛乳は平均しますと、無脂乳固形分で八・一～九・一%、脂肪分三・三～四・九%、タンパク質三・〇～三・六%の範囲に入っています。日本の牛乳は各地域の平均で、無脂乳固形分八・五～八・七%、乳脂肪分三・八～三・九%程度です。また同じ日本の中でも涼しい北海道では固形物が高めで、九州、四国では低めになっています。しかし、各地域の平均値で見ますと、差は〇・一～〇・二%の範囲で、問題にするほどの量ではありません。同じホルスタイン種でも、青草や粗飼料だけで飼育すると、乳量は大きく減少する上、無脂乳固形分八%以上、乳脂肪分三%以上の牛乳規格の下限に近づきます。

第2章　牛乳の生産から消費までの流れと衛生

1　牛乳生産量と乳牛の飼育頭数

乳業界では搾ったままの牛乳を**生乳**《せいにゅう》（**原料牛乳**）と呼びます。生乳は牛乳として飲まれる**飲用乳**と、乳製品の原料に用いられます。生乳は厚生労働省で用いられる用語で、食品衛生法の「乳等省令」で、その条件が定められています。一方、**原料牛乳**は農林水産省の用語で、日本農林規格で品質が定められています。これも縦割り行政の現われでしょうか、このほかにも牛乳・乳製品には、公正取引規約、計量法、東京都基準など、部分的に重複する規制があります。

日本の一九九七年の全国牛乳生産量は八六五万トンで、この内飲用牛乳が四九四万トンでした。一九九九年は生産量八四六万トン、飲用牛乳四六六万トンとなっています。搾乳牛の数（乳牛飼育頭数とは異なる）、生乳および飲用乳生産量を表2・1に、また乳用牛の飼育状況の変化を図2・1に示しました。

最近一〇年間の国内生乳生産は八五〇万トン程度、飲用牛乳消費は約四八〇万トンと、ほぼ横這

表 2.1　日本の生乳生産の推移（農水省「牛乳乳製品統計」による）

年　　度		1970	1980	1990	1997	1998	1999
搾 乳 牛（千頭）		885	1 066	1 081	1 032	1 022	1 008
生乳生産（千トン）		4 761	6 504	8 189	8 645	8 572	8 460
飲用牛乳（千トン）		2 767	3 953	4 953	4 941	4 793	4 666
（生乳）	北海道				3 565	3 631	3 634
	千　葉				338	325	316
	栃　木				313	319	330
	群　馬				306	299	299
	岩　手				298	291	282
	愛　知				271	266	261
	熊　本				254	250	254
	茨　城				204	197	191

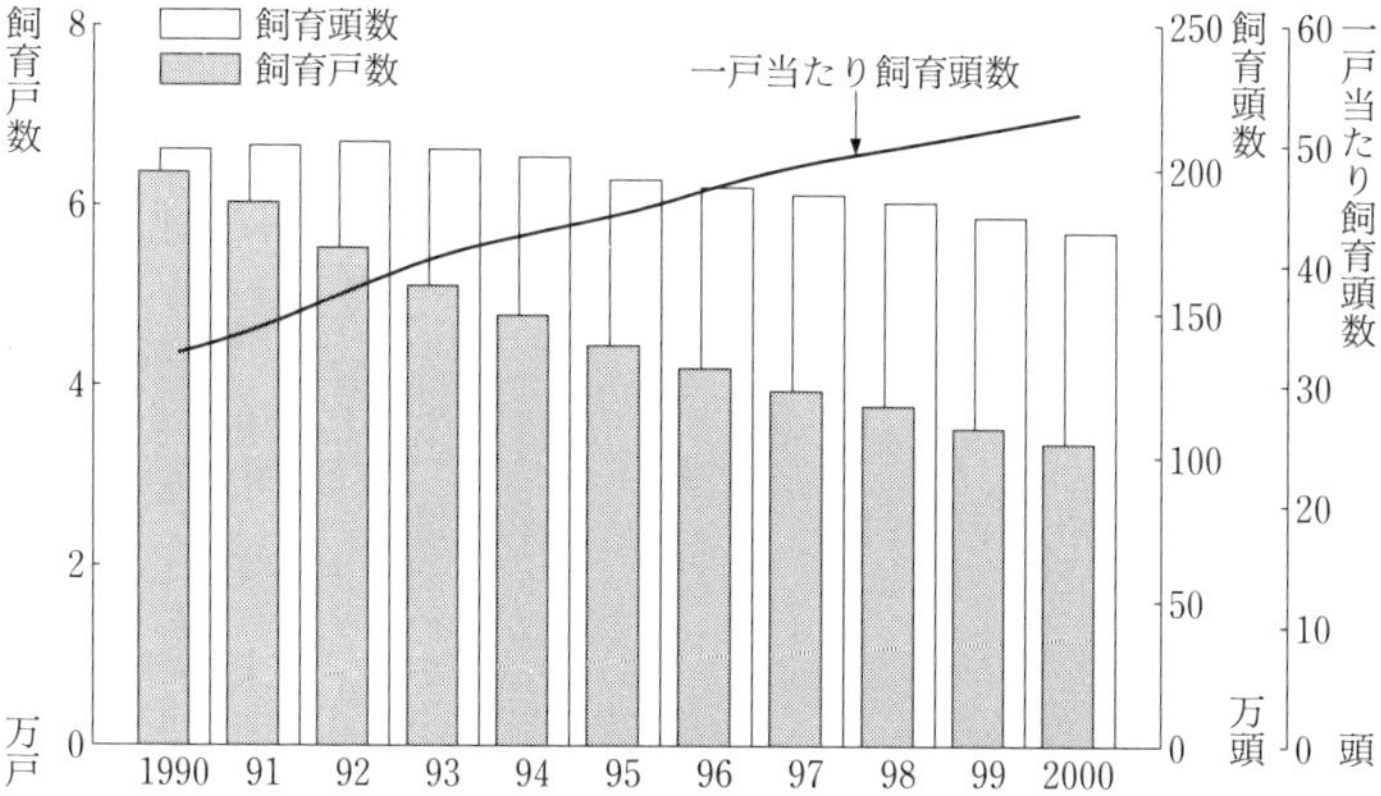

図 2.1　乳牛の農家数と飼育頭数の推移

（農林水産省統計情報部：日本国勢図絵、（国勢社）p.171、2001年）

表 2.2　世界の牛乳生産

(千トン)

年　　度	1995	1997	1998	1999	1999年の%
アメリカ	70 598	71 072	71 375	73 482	15.3
イ ン ド	32 000	34 500	29 576	36 000	7.5
ロ シ ア	39 098	34 000	32 000	31 800	6.6
ド イ ツ	28 000	28 750	28 500	28 300	5.9
フランス	25 00	24 980	24 500	24 609	5.1
ブラジル		19 100		22 495	4.7
イギリス		14 163		15 023	3.1
ニュージーランド	9 684	11 131	11 288	11 372	2.4
オーストラリア	8 556	9 303	9 731	9 822	2.0
日　　本	8 500	8 645	8 645	8 480	1.8
中　　国	5 180	6 946	7 391	7 138	1.5
世界の合計		**471 794**	**466 347**	**480 659**	**100.0**

い状態を続けています。地域別の生産では、北海道がずば抜けて多く、全国生産の四一～四三％を占めます。千葉、栃木、群馬など関東地方六県の生産量は一四四万トン、次いで九州七県、東北六県、東海・東山五県が七〇万～八三万トンを生産しています。北海道以外の生乳はほとんどが飲用乳になり、北海道の生乳は大部分が乳製品製造に用いられ、一五％程度が飲用にされています。

戦後に農家一戸当たり一、二頭の規模で始まった酪農業は、次第に集約化されました。一九八二年には一戸当たりの飼育が二〇頭を超え、二〇〇〇年には平均五二頭になりました。図2・1から分かるとおり、酪農家の数が急速に減少し、一戸当たりの平均飼育頭数が増加してきました（北海道は八七頭、北海道以外は三八頭）。理由は畜産経営は大規模化するほど生産コストが下がり、労働時間が節約できるとされたからです。酪農家平均で五二頭という数字は、世界的に見てもトップファイブに入ります。

世界の牛乳生産量は四・七億トン程度で、日本はその一・八％を生産しています。この状況を表2・2に示しました。生産量はヨーロッパ全体が約二・一億トン（四五％）と最大で、国別ではロシア、ドイツ、フランスの順です。アメリカは約七千二〇〇万トン（一五％）です。欧米人の牛乳・乳製品消費量は一日六〇〇～九〇〇グラムと、日本人の一九〇グラムの四倍前後もあります。ニュージーランドは、人口三七六万人で牛乳を一千一一四万トン生産し、しかも生産量は毎年増加しており、世界一の酪農国です。インドでは、ヒンズー教によって牛が神聖な動物とされ、牛肉は食べません。飲用牛乳は少なく、大部分は「ギー」と呼ばれるバターの原料にされます。このためインドは、世界のバターの二二％、一五〇〇万トン弱を生産しています。

2　酪農の現場で－衛生保持の重要性

(1)　乳牛の飼育と搾乳

酪農というと、緑の牧場で草を食べる牛やサイロのついた牛舎などのイメージを描く人が多いかも知れません。古い歌にもあるように「牛は夕方には牧舎に帰り、朝に牧場に出ていく」という観念がありました。日本国内でこのような光景が見られるのは、北海道の一部、北海道以外ならば観光牧場などです。

今日の日本では、そのような幸福な乳牛はまれで、多くの牛は一生の間牛舎の柵につながれて、

写真 **2.1**　牛舎の柵につながれた牛乳マシンの乳牛

写真 **2.2**　牛が牛舎内を自由に動けるフリーストール飼育（酪農学園大学）

写真**2.3**　フリーストール自動給餌装置

飼料を牛乳に変える機械のような生活を送っています。数十頭から一〇〇頭程度の飼育ではこの方法が大部分です（写真2・1）。これよりましな待遇の乳牛は、牛舎の限られた場所を歩くことができます。また、一〇〇～一〇〇〇頭程度を飼育する近代的な牛舎では、牛が牛舎内を自由に動けるフリーストール飼育が一般的です（写真2・2）。飼料は通路沿いに柵の外側から与えられます。近代的な数百頭のフリーストール飼育場では、飼料がモノレールで運ばれる自動給餌装置が用いられます（写真2・3）。搾乳の時間になると乳牛は列を作って搾乳場（ミルキングパーラー）に入り、搾乳を終わった牛は満足そうに出てきます。乳房炎などの病気にかかった乳牛は、別のやや良好な環境に隔離されます。しかし、一旦牛舎に入れられると、牛はほとんど一生の間、青空の下に出ることはありません。夕方の鐘の音で牧場から搾乳場に戻る牛は、日本やアメリカではごく僅かになりました。

牛に与えられる良質な牧草は、オーチャードグラス、ケンタッキーグラス、チモシー、クローバーなどです。日本の北海道以外ではこれらの牧草を自前で生産することが難しく、大部分は圧搾品として、アメリカなどから輸入しています。トウモロコシ、大豆などの穀物も輸入品ですから、日本の牛乳と畜産物は間接的輸入食品であると言えます。このような状況では、牛乳・乳製品や食肉は、すべて輸入したほうが畜産公害も起こらず、効率的と考えることもできましょう。しかしそれは、将来的に見て大変危険な選択です。飼料自給率向上のために、休耕田での餌米作り、広大な資源である傾斜地や山林の牧場としての利用などは、日本の農業にとって重要で緊急な課題です。

さて、乳房に牛乳が満たされると、乳頭に与えられた神経刺激で、脳下垂体からホルモンが血液中に分泌され、乳腺胞や乳管を囲む筋肉を収縮させます。乳腺槽に溜まっている牛乳は、乳房全体の量の三〇～六〇％とされます。乳房全体から牛乳をできるだけ多量に搾り出すことが上手な搾乳で、そのことで牛乳生産が促進されます。そこでできるだけよい刺激を与え、牛に気持ちよく乳を出させることが必要になります。

乳牛の飼育頭数が数頭では、手搾りが一般的でしたが、今日ではミルカーと呼ばれる搾乳機で牛乳が搾られます。この機械には四個のゴム製の乳首受けがついていて、真空ポンプによって、中の部分を減圧したり常圧に戻したりして搾乳します（写真2・4）。ミルカーでは毎分五〇～六〇回で常圧と減圧を繰り返し、乳を吸引して四分程度で搾乳を終わります。搾乳は多数回行うほど牛乳の生産は多くなります。しかし現在は労力の関係で、朝夕二回の搾乳が普通になっています。搾乳では細菌汚染を避けるため、牛の乳房を十分清潔にしておく必要があります。ミルカーで搾った生乳

写真 2.4　搾乳機（ミルカー）
（上富良野・林牧場）

は、温度が三〇～三五℃ありますので、すぐに微生物の繁殖が始まります。そこで、バルククーラーと呼ばれる、冷却装置のついた一～二トン容量のタンクに集められ、一時間程度で三～四℃に冷却されます。パイプラインで機械化された搾乳作業では、一人で一時間に数十頭を処理することができます。

さらに大規模飼育の場合は、ミルキングパーラー（搾乳設備）が使われます（写真2・5）。ミルキングパーラーは飼育の規模によって、一度に八～四〇頭の牛が入れるようになっています。牛が一定の順序でパーラーに入ると、乳房が自動的に洗浄・乾燥され、手動でミルカーをつけます。搾乳が終わった牛は自分から出て行きます。この設備があれば、一

写真2.5　ミルキングパーラー（酪農学園大学）

写真2.6　バルククーラータンク（上富良野・林牧場）

か所で数百頭の飼育ができます。ここでも生乳はバルククーラータンクに集めて冷却します。

一九七〇年頃までは、生乳を集乳缶と呼ばれる小型の容器に入れ、井戸水で冷やしたものでした。このため生乳の細菌増殖は激しく、集乳の時点で一グラム当たり数百万個にもなりました。今日では、きちんと洗浄操作して衛生的に扱えば、細菌汚染が一グラム当たり千から二千と、極めて衛生的な生乳が得られます。

(2) 生乳の衛生管理

生乳の品質は、農場での衛生管理に大きく影響されます。そこで、良好な環境管理と牛の健康、衛生的な搾乳と処理法などの厳守が必要です。**乳房炎**は最も起こりやすい乳牛の病気で、細菌の感染や外傷で起こる乳腺の炎症です。生乳中には乳腺から新陳代謝ではげ落ちる体細胞が、一ミリリットル当たり一〇～二〇万個入っています。乳房炎が起こると、外見上は分からない軽い場合でも、生乳中の体細胞が二～三倍になるので、容易に発見されます。病原菌は搾乳機を通じて他の牛に広まり、また牛どうしの接触でも感染が広まります。病原細菌は、乳飲料の中毒事件で有名になった、黄色ブドウ球菌と連鎖球菌が一般的です。乳房炎にかかると、乳量と乳固形分量が減少し、また、牛乳中の塩化ナトリウム量が増え、カリウムとカルシウムが減少し、pHが高くなります。

乳房炎が重くなると、生乳の細菌数が一ミリリットル当たり数十万から数百万になります。牛乳の品質は悪化し、酵素の増加で脂質やタンパク質の分解が起こり、臭いが出やすくなります。このためクリームやバターの品質が低下し、また牛乳の高温殺菌で色がつきやすくなります。欧米と異なり、日本の食品衛生法には体細胞数の規定はありません。日本の乳牛には軽い乳房炎が多く、正常な牛乳に混入するといわれますが、データは公表されていません。

また、酪農場では、洗浄・殺菌用など種々の化学薬品や獣医用薬品が用いられます。これらの不注意による混入、プラントや器具の洗浄時に起こる混入を、注意深く避ける必要があります。

細菌からみた生乳の品質

生乳の品質は乳牛の健康と衛生状態に影響されます。健康な乳房から出た生乳の細菌数は、千個程度と無視できるほど少なく、**特別牛乳**として無殺菌で出荷することができます。不衛生な搾乳場では生乳の細菌数が一ミリリットル当たり一～五万になります。乳房炎などが他の牛に感染するのを避けるには、設備を最大限衛生的に保持しなければなりません。優れた栄養物である牛乳は、微生物の増殖にとっても好都合で、搾乳後は多種類の微生物汚染が進みます。そこで製品化には必ず熱殺菌が行われます。また生乳の品質保持のためには、搾乳後の温かい生乳を、三〇分以内に四℃以下、できれば二℃にすることが好ましいとされます。これは一〇～二〇℃で活動する低温細菌の増殖を防ぐためです。大腸菌O-157やサルモネラ菌は八℃で増殖します。集乳は毎日～数日おきになされるので、集乳間隔が長い場合は、特に〇～二℃の低温での保管が必要です。

搾乳後に速やかな冷却が必要な理由は、微生物の繁殖だけではありません。生乳は種々の加水分解酵素や酸化酵素を含み、温度が高いとこれらの酵素が働き、栄養素の分解が起こります。例えば生乳のビタミンCは、酸化酵素の作用によって、二五℃で二時間後にほとんど失われます。先進国には、搾乳から集乳、加工までの冷却方法に、細かい規定があります。日本の法令は単純で、できるだけ早く一〇℃以下に冷却し、と貯蔵することを定めているだけで、実態からかけ離れています。

生乳への不法行為と汚染の防止

先進国では影をひそめましたが、一九六〇～七〇年には牛乳の水増しがよく行われました。この種の行為は意図された場合と、不注意で起こる場合があります。一九四五～六五年ほどは生乳の取り扱いが悪く、微生物の繁殖でできた酸を中和するため、水酸化ナトリウム（苛性ソーダ）を添加することがありました。生乳に過酸化水素やホルマリンを加えて菌を殺し、菌数を減らすことも行われました。一九七〇年頃には、脱脂粉乳と動植物油脂を加えた牛乳が横行しました。時には法的に禁じられている初乳を混入することもありました。今日では多頭飼育と共に牧場の衛生管理が進歩し、不正行為は聞かれなくなりました。しかし安全のために、飼料をはじめ多くの汚染物の混入、多くの化学物質、昆虫、治療に用いた抗生物質に対する注意が必要で、ＨＡＣＣＰ（危害分析管理）手法などが推奨されています。

(3) 集　乳

酪農家のバルククーラーに蓄えられた生乳は、酪農協同組合などの組織が運営する、保冷式のピックアップ（集乳）タンク車で集められます（写真2・7）。この集乳タンクは北海道以外では五トン程度で、北海道では一〇トン以上の大型タンク車で集乳されています。バルククーラーが小型で、酪農家があちこちに点在する場合は、タンク車につけたホースで集乳して回ります。集乳時間は一回りで二～三時間程度で、生乳の温度は一〇℃を超えないように保たれます。集められた生乳は、ミルククーラーステーションに輸送され、受入と同時に二℃に冷却してから貯蔵されます。一箇所のクーラーステーションは、地域の生産者数十軒程度から集乳し、貯蔵規模は、数十トンから数百トンまであります（写真2・8）。

写真2.7　集乳に使われる保冷式ピックアップタンク車
（上富良野・林牧場）

集乳するときは、同時にトラックの運転手が、各農家から分析用の生乳サンプルを集め、ステーションでは簡単な受入検査が行われます。衛生管理においては、酪農分析センターを持つ県があり、集められた各酪農家の生乳サンプルの分析を行っています。クーラーステーションに集められた生乳は、〇℃に冷却され大型の保冷タンク車で牛乳・乳製品工場に輸送されます（写真2・9）。生乳の温度は工場への到着時で、五℃を超えないように管理されます。一九七〇年頃までは牛乳缶で集荷された生乳を、トラックで牛乳工場に運んでいましたが、現在そのようなことはなくなりました。

写真 2.8　クーラーステーション

高度成長期までは大都市の飲用牛乳原料は、主にその都市周辺の酪農家から集められ、処理されました。しかし、都市周辺の宅地化、工業地化、公害問題で酪農家はいなくなりました。そこで、原料乳は遠隔地に求められるようになり、消費地から離れた地域で製造された牛乳が販売されています。現在は、北海道や九州の生産地から都市に、生乳が大型のローリー車やコンテナで輸送されています。生乳ではありませんが、北海道などの生産地の工場で、牛乳を濃縮して三倍の濃度にし、消費地で水を加えて再生する場合があり

写真2.9　生乳を出荷する大型保冷タンク車

ます。この場合は「牛乳」とは表示できず、「加工乳」と表示します。

(4)　生乳の組成と衛生試験

飲用乳や乳製品の主原料である生乳の品質は、常に適正でなければなりません。酪農家は食品衛生法（乳等省令）の規制と取扱いの衛生規則に従って、生乳を扱うことになっています。世界各国では、飲用乳やクリーム向け生乳には、厳しい条件があります。生乳の細菌数は、例えばイギリスの場合、一ミリリットル当たりで、細菌数一〇万個以下、体細胞数四〇万個以下と定められています（以下菌数などは全て一ミリリットル当たりとします）。日本の省令では、生乳は細菌数が四〇〇万個以下で、体細胞の規定はありません。しかし、これらの条件では、牛乳の安全衛生確保に不十分で、今日の酪農現場の実態とあまりにもかけ離れています。

集乳時に採取されたサンプルで各農場ごとの生乳のチェックが行われ、それらの組成と品質が調べられます。問題が起こると、どの農場に原因があるかが調べられます。試験センターや酪農組合などでの受入試験項目は次のようになっています。

1　水　分
2　全固形分
3　乳　脂　肪
4　無脂乳固形分（乳糖、タンパク質、灰分）
5　細　菌　数
6　体細胞数
7　抗生物質

生乳の処理は急ぐ必要があります。受入れ前にすべての検査を行うことはできず、特に細菌検査は時間がかかります。ここにあげた試験が常にすべて行われるわけではありません。しかし細菌については、必ず農場ごとの品質チェックが行われます。また抗生物質試験には種々の方法があり、迅速法を含めて複数の測定キットが用いられています。

(5)　生乳の衛生を守る

牛乳と乳製品の品質は、原料乳（生乳）の品質で決まります。欧米では古くから酪農業が発達し、生乳の衛生的な処理が行われてきたので、原料乳の品質は大変優良です。日本では北海道以外の大

日本の乳の衛生に関する法律（乳等省令）は昔のままです。法律は消費者のためでなく、ぎりぎりの悪条件の生産者でも、それを保護できるように作られました。細菌数は四〇〇万以下、体細胞数の規定はなく、生乳の冷却は地下水温度まで、流通の条件は一〇℃以下となっています。しかしこのような低品質な生乳では、良い牛乳は作れません早急な衛生法の改正が望まれます。

3　牛乳工場での加工

(1)　工場での生乳受入れ

ミルククーラーステーションや大型酪農家からの、タンクローリーが工場に着くと、生乳は試験用のサンプルを採った後に、大型の受入タンクに入れられます。大きな牛乳工場では、原料の貯蔵タンクの容量は数百トンに及ぶことがあります。乳脂肪球が痛んだり泡ができるのを避けるために、生乳の出し入れは、タンクの底部から行います。最近の牛乳プラントは、受入れ後から包装された製品ができるまで、全ての工程が密閉された容器や機械、パイプラインの中で行われます。工場の集中制御室では、各工程の運転状況、牛乳量、温度、流れの量などをリアルタイムで管理しています。

受入れを行う前に、生乳はろ過用のストレーナーで夾雑物《きょうざつぶつ》を除き、さらにクラリファイアーという遠心分離器で処理します。この分離器は高速で回転し、遠心力で生乳中の体細胞や白血球などを除きます。受け入れられた生乳は四℃以下で保存されます（法律では、生乳保管はすべて一〇℃以下）。後に述べるＬＬ（ロングライフ）牛乳の原料乳は細菌数三〇万以下、保管温度三℃以下、加工処理は四八時間以内と定められています。細菌数などはすべて一ミリリットル当たりです。

(2)　牛乳の加熱殺菌処理と包装形態

一〇〇年ほど前の二〇世紀初頭は、生乳が未殺菌でそのまま消費されていたので、水増しなどの不正が横行し、病原菌の汚染で牛乳による食中毒が多発し、結核菌の伝染の原因にもなっていました。一八七七年に、フランスのルイ・パスツール博士が炭疽病に関する研究を行い、毒力を弱めた炭疽病原菌の予防接種実験を行い予防医学の基礎ができました。また、それに先だつ一八六六年には、同じくパスツールによりワインの腐敗防止法として加熱殺菌法が開発され、これがパスツリゼーションと呼ばれる低温殺菌法の始まりとなりました。その後今日まで、多くの殺菌法や滅菌法が開発されてきました。

牛乳類の殺菌法は、四種類あります。その目的は、消費者に危害となるおそれのある病原性細菌を殺菌し、保存性を高めるためです。現在は、牛乳の病原菌を殺し、熱による品質変化を最低限に止める低温長時間殺菌と高温短時間殺菌、ほとんどの細菌を殺す日本式ＵＨＴ殺菌、完全滅菌で長期間保存が可能なＵＨＴ滅菌が行われています。これらの殺菌法の特徴と成分変化については、次の章で説明しますので、ここでは殺菌法のあらましを説明します。

低温長時間殺菌（パスツリゼーション）

低温長時間殺菌は、牛乳を六三℃で三〇分間加熱して菌を殺す方法です。熱抵抗性が強くてこの温度では死なない枯草菌などが残りますが、牛乳の栄養価は生乳とほとんど変わりません。

高温短時間殺菌

低温長時間殺菌は工業的に能率が悪いので、この方法の改良として高温短時間殺菌（HTST殺菌）の方法が行われるようになりました。日本では高温短時間殺菌は、低温長時間殺菌と同等以上の殺菌と定められおり、七一～八五℃で一五秒間行います。この方法には、低温長時間殺菌と同等以上の殺菌効果があります。欧米では七三℃で一五秒の条件と定められており、この方法も**パスツリゼーション**に分類されています。

超高温瞬間殺菌（日本式UHT殺菌）

一九六五年頃までは日本の原料乳は細菌数が多く、安全保持のために、超高温瞬間殺菌（日本式UHT殺菌）の方法が行われるようになりました。この方法は日本独自の殺菌法で、生乳を八五℃に五分間程度保った後、一二〇～一四〇℃で二秒程度の加熱を行うもので、細菌はほとんど死滅しますが、ホエータンパク質の変性が進みます。包装は普通の容器を用いるため、無菌ではありませんので、やがて細菌が増えてきます。

超高温瞬間滅菌（ＵＨＴ滅菌のＬＬ製品）

同じ超高温瞬間殺菌でも、生乳を八五℃に保つことなく、直ちに一四〇℃程度で数秒間の加熱を行い、紙にアルミ箔とポリエチレンを貼り合わせた無菌容器に充塡する滅菌牛乳があります。この方法は世界各国で行われる滅菌法で、菌が無いために常温保存が可能です。**「常温保存可能品」**と表示された製品で、ロングライフ牛乳とか、**ＬＬ牛乳**、**ＬＬ製品**と呼ばれます。

殺菌と**滅菌**の意味の違いは理解しにくいと思います。殺菌は病原菌を殺しますが熱に強い細菌は生きています。一方滅菌は実用的にすべての細菌が死んでいます。缶詰は完全な滅菌なので何年間も腐りませんが、ＵＨＴ滅菌では理論的には細菌がゼロになりません。このように熱処理を受けた牛乳は、衛生的に容器に充塡され流通しています。

牛乳の包装形態は、今でも中小乳業でガラス瓶を用いる所がありますが、流通の不便さと洗浄作業を避けるため、ほとんどが紙容器になりました。欧米でも紙容器が主体になってきました。しかし、頑丈で再利用する数リットル入り大型プラスチック容器や、バッグインボックスと呼ぶポリ袋入り紙容器も流通しています。欧米の一人当たり牛乳消費量が、日本の数倍以上と多いためでしょう。

(3)　牛乳の殺菌法と風味

以前から、「低温長時間殺菌の牛乳が本物で美味しく、ＵＨＴ殺菌牛乳は栄養価値が下がる」という説がなされてきました。欧米の場合、アメリカは約九五％、イギリス、オーストラリア、ニュージーランドは約九〇％の牛乳が高温短時間殺菌（パスツリゼーション）です。一方、スペイン、フランス、イタリア、ドイツの順で、五〇〜七五％の牛乳がＵＨＴ滅菌のＬＬ牛乳です。日本では九二％が日本式ＵＨＴ殺菌、二％がＵＨＴ滅菌（ＬＬ牛乳）で、六％が低温長時間殺菌と高温短時間殺菌です。牛乳に与えられる熱処理が高温で長時間であるほど、成分や風味の変化が大きくなるのは当然のことです。

熱による風味の変化

どのような食品でも加熱が過ぎれば、色がついて風味は焦げた感じを与えます。この原因は主に食品に含まれるアミノ酸と糖類が反応して（メイラード反応といいます）、色の付いた物質ができることによります。牛乳の場合も同様ですが、現在定められている殺菌法では、色がつくほどの加熱はありません。

諸外国では、かなりの牛乳がパスツリゼーションされます。そこで、この種の牛乳になれた外国人は、日本式のＵＨＴ牛乳に異味を感じるといわれます。いわゆる焦げ臭です。一方日本の消費者は、強い熱処理を行う日本式ＵＨＴ殺菌に慣れていますので、焦げ臭のある牛乳を好む傾向があると報告されています。

殺菌法と品質保持期限

ＵＨＴ殺菌牛乳は、細菌がほとんど含まれませんから、冷蔵すれば長持ちします。日本の消費者は、腐敗しにくいＵＨＴ牛乳に慣れていますので、牛乳は長持ちするものと思いがちです。しかし、開封後は細菌が増殖しやすくなるので、できるだけ早く使い切ることが大切です。特にパスツライズ牛乳（低温長時間殺菌、七三℃15秒の高温短時間殺菌の牛乳）は、細菌が残っており、冷蔵庫の中でも増え続ける菌もあります。また常温になりますと、菌の増殖はたちまち早まります。そこで、購入後は品質保持期限以内に消費し、特に開封したらすぐに使い切ることが大切です。細菌の増殖以外にも、冷蔵中の栄養価の減少もあります。

常温保存が可能なＬＬ牛乳は、長期間腐敗しません。しかし、常温で保管されますと、ビタミンなどの栄養分は確実に減少しますので、冷蔵することが奨められます。殺菌法と栄養分の関係は、次の章で詳しく説明します。

以上述べてきたように牛乳の殺菌では、低温のパスツライズ殺菌では細菌が残っており、取扱い方法が悪いと変質します。一方、日本式ＵＨＴ殺菌やＵＨＴ滅菌では、保存性は良好ですが牛乳の成分変化があります。また保存期間が長ければ、ビタミンなどの栄養価の減少が起こります。同じＵＨＴ処理牛乳でも、直接式と間接式では直接式の成分変化が少なく、特にアルミ箔入り包装のＬＬ牛乳の品質は、冷蔵すれば長期間変わりません。

現在の日本式の間接ＵＨＴ殺菌は、一九六五年頃までの劣悪な原料乳（生乳）に対して行われた独特な方法です。当時の一ミリリットル当たり細菌数が数百万個という生乳は、今日は平均で十万個程度になっています。そこで、外国と同じＵＨＴ滅菌が行われても、問題は起こらないはずです。技術の進歩に合わせた改善が望まれます。

どの牛乳が一番おいしいかは、個人の好みの問題です。そこで、以上のような殺菌方法の特徴を理解して、自分の好みと使用法に合わせた牛乳製品の選択が、賢い消費者のあり方と思われます。

第3章　牛乳工場の役割

1　牛乳の殺菌

牛乳工場に受け入れられた生乳は、直ちに清浄化の工程を経て、飲用乳や乳製品の製造に用いられます。牛乳は子牛にとって完全栄養食品であると同時に、微生物の増殖にとっても、極めて都合の良い食品です。工場の機械設備の衛生管理の不備や、工程上の誤操作は時に重大な結果をもたらします。病原性の細菌類は温度条件が良ければ、二、三時間で激しい感染を起こす数になるからです。二〇〇〇年に起こった乳飲料の広範囲な中毒事件の原因は、初歩的な微生物知識の欠如と言えましょう。牛乳工場の最も大切な工程は、消費者に安全な牛乳を供給するための殺菌や滅菌の操作です。このような衛生管理は、牛乳を原料にする乳製品でも全く同じです。

(1)　熱による微生物の破壊

微生物の増殖には適当な温度が必要です。微生物は増殖に適する温度によって、〇℃から室温程度までが適する好冷菌、三〇〜四〇℃ではほ乳動物の体温程度を好む中温菌、五〇℃以上の高温で増殖する好熱菌などに分類されます。大部分の微生物は、適温の範囲では温度が上がるほど活発になり、温度が一定値を越えると活動しなくなり、高温では死滅します。しかし中には胞子を作って高温に耐えるものがあります。胞子は熱に対する抵抗性が強く、生菌より殺菌しにくくなります。また微生物が油脂などを含む食品中にあると、熱抵抗性が増加します。

人や動物に寄生するカビと細菌には、病原性を持つものがあり、食品中から除く必要があります。これらの微生物を殺す方法は、熱の他に、紫外線や放射線、化学薬品、高圧など多くの手段がありますが、熱の利用が最も安全で安価です。幸いなことに、病原菌、酵母とカビは比較的低い殺菌温度で死滅します。

加熱処理温度が高いほど、微生物は破壊され易くなります。しかし、加熱殺菌で微生物が死ぬ現象は確率の問題で、ゼロになることはありません。好熱菌以外の微生物を例えば、一〇〇℃に長時間さらせば、菌数を限りなくゼロに近づけることはできます。缶詰の殺菌（滅菌）は、一二一℃で三〇分以上行われますが、この条件では実用的に細菌が生き残ることはないので長期間保存できます。しかし普通の牛乳やクリームに行われる殺菌は、最高でも缶詰の条件には達しません。

牛乳やクリームの殺菌は、加熱による成分（栄養価）と風味への影響を最低にして、できるだけ微生物を殺す工夫がされています。例えば、低温長時間殺菌では、牛乳中の病原菌数を実用的に安全な範囲にしています。次にいろいろな殺菌と滅菌方法を紹介します。文中の殺菌と滅菌の定義は、殺菌は生きた胞子や細菌がある程度残る処理法、滅菌はそれらが実用的には含まれない処理法を意味します。

(2)　一〇〇℃以下の熱殺菌法

サーミゼーション

日本では行われていませんが、イギリスなどヨーロッパで行われています。この処理は、低温殺菌または他の殺菌処理前に、生乳の保存期間を延長するために行う弱い殺菌法です。サーミゼーションを行う生乳は、搾乳後三六時間を超えず、細菌数で一ミリリットル当たり三〇万以下のものと定められています（以下菌数はすべて一ミリリットル当たりとします）。生乳の熱処理は、五七～六八℃一五秒と定められています。この処理を行った牛乳を〇～一℃に保管すれば、品質の劣化なしに七日間の保管が可能です。サーミゼーションの設備は、次のパスツリゼーションの設備に類似しています。

低温長時間殺菌（LTLT殺菌）

パスツリゼーションとも呼ばれ、牛乳とクリームに行われます。パスツリゼーションの定義は「牛乳の病原菌による健康被害を起さないための、最低の熱処理で、製品の物理的、化学的（栄養成分）変化と官能的（風味）変化が最少の処理」とされています。条件は六三～六六℃、三〇分間以上の低温長時間殺菌（ＬＴＬＴ）です。パスツリゼーションでは、結核菌はほとんど殺菌されますが、すべての病原菌を殺菌できません。しかし、健康被害を起こさない菌数にしています。連鎖球菌や乳酸桿菌のような耐熱性の細菌や、特に耐熱性の胞子を形成する枯草菌やボツリヌス菌などは、パスツリゼーションで生き残りますが、健康被害が起こる菌数ではありません。クリームは牛乳より殺菌しにくいので、条件を強めます。

健康な人が病原菌を含む食品を摂った場合、普通は菌数が数万個程度ないと感染しにくいのが普通です。しかし、病原性大腸菌Ｏ-１５７は例外で、一～数個でも感染し得るとされています。

諸外国では低温長時間殺菌に代わって、次の高温短時間殺菌が行われています。日本でもその傾向がありましたが、最近は逆に低温長時間殺菌が増加しました。中小の乳業会社が、ほんもの志向の風潮にのって、牛乳の差別化を図ったためでしょう。低温長時間殺菌は元来、タンクに生乳を入れて緩やかに撹拌し、外側から加熱して行われる回分式です。しかし最近、低温長時間殺菌を連続化した機械装置が開発されました。

高温短時間殺菌（ＨＴＳＴ殺菌）

低温長時間殺菌は回分式で工業的に非効率なために、一九五〇年頃から次第に連続して殺菌できる高温短時間殺菌（ＨＴＳＴ）が行われています。この高温短時間殺菌は、最低条件が七一℃で一五秒で、この条件では殺菌効果と品質は低温長時間殺菌と同等とされます。四種類の殺菌法の時

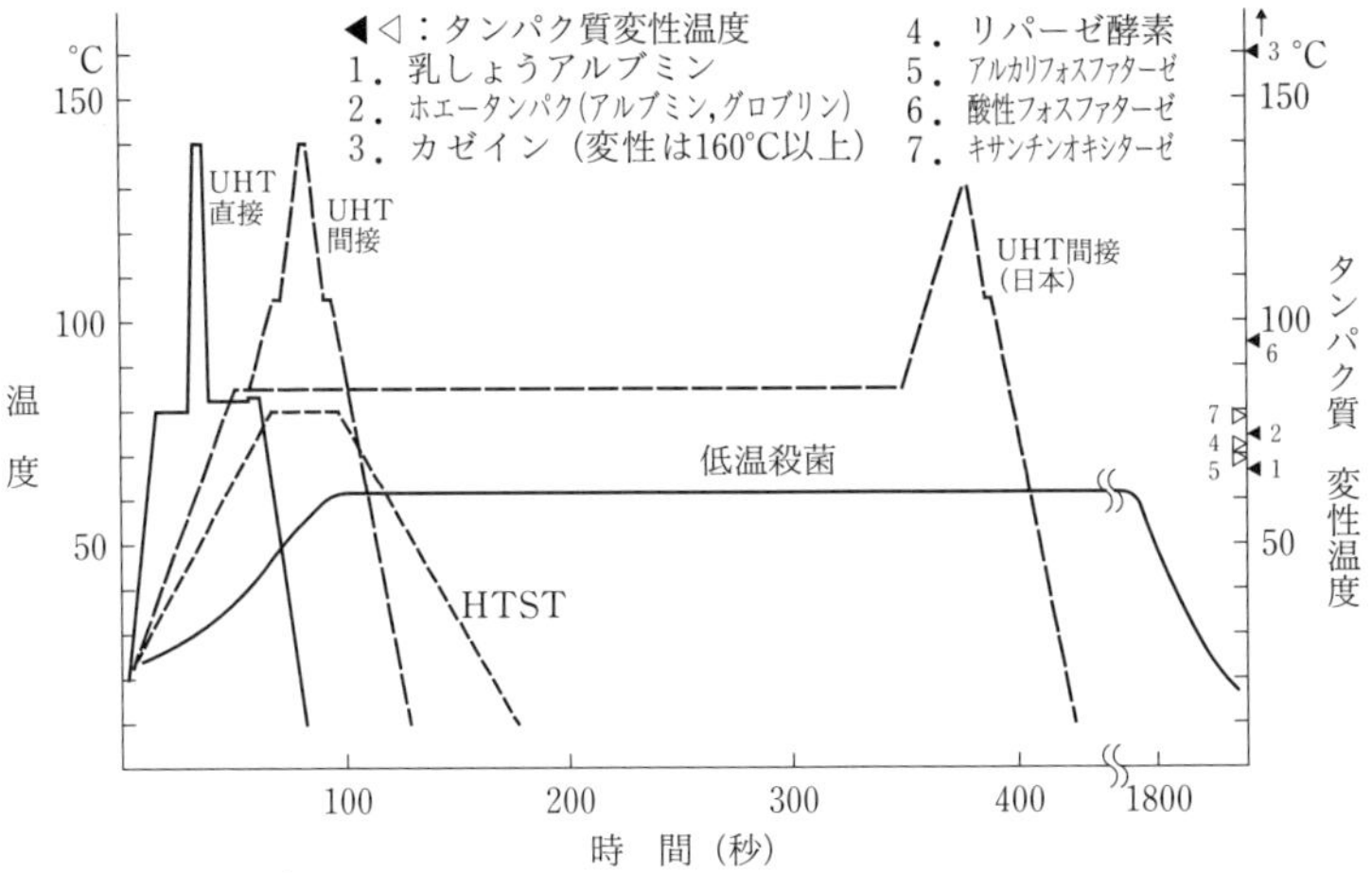

図 3.1　各殺菌法の時間／温度プロファイル

間・温度プロファイルを図3・1に示しました。
日本では高温短時間殺菌の効果を、低温長時間殺菌と同等以上の殺菌と定めており、この殺菌は、七一～八五℃で一五秒間行った後に急冷します。エネルギー節約のために、高温の殺菌済み乳は低温の生乳で冷やし、同時に生乳は殺菌乳で加熱します。このような操作を熱交換といいます。ほかの装置でも、牛乳の殺菌と冷却には熱交換が行われます。多くの熱交換はプレート式熱交換機と呼ばれる装置で、効率的に行われます。

諸外国のHTSTは、七三℃一五秒程度で行われますが、この条件であれば、生乳とパスツリゼーション牛乳の栄養価とほぼ同等です。パスツリゼーション牛乳は、生乳に含まれる酵素の、アルカリホスファターゼ（リン酸基分解酵素）の活性は陰性で、ペルオキシダーゼ（過酸化酵素）の活性は陽性であると定められています。これら二つの酵素の活性試験で、パスツリゼーションが適正に行われたか否かが分かります。最近は、製品の差別化から低温殺菌牛乳が市場に出回っています。これらを調べてみますと、ペルオキシダーゼ作用がなく、表示違反といえるものも見られます。HTST殺菌が八〇℃で行われると、ペルオキシダーゼ活性が失われ、パスツリゼーション牛乳の定義に入らなくなります。

現在はアメリカ、イギリス、オーストラリア、北欧諸国の牛乳の大部分が高温短時間殺菌されています。欧米では、高温短時間殺菌でもLTLTの品質範囲にあれば、パスツリゼーション牛乳に分類されています。LTLTおよびHTST殺菌牛乳の細菌数は五万個以下で、大腸菌類を含まないことになっています。

(3)　一〇〇℃以上の殺菌法

超高温瞬間殺菌（日本的UHT殺菌）

一九六五年頃までは酪農家の規模も小さく、出荷された生乳の細菌数が多くて、数百万個以上というものもありました。このような牛乳を安全にするために、超高温瞬間殺菌（UHT殺菌）の方法が行われるようになりました。この方法は日本独自の殺菌法で、生乳を八五℃に五分間程度保った後、一二〇〜一四〇℃で二秒程度の加熱を行うもので、細菌はほとんど完全に死滅します。しかし包装は普通の容器を用いるため、無菌にはできませんので、やがては細菌が増えてきます。この牛乳を無菌的に容器に充填すると、次に説明するLL牛乳と似てきます。

今日では第2章で述べたように、酪農技術の改良で、生乳の細菌数が数万〜一〇万個程度にまでなっていますが、大部分の殺菌は日本独特なこの方法で続けられています。その理由は、八五℃に数分間加熱することで、ホエータンパク質が熱変性し、機械の加熱装置に付着しにくくなり、長時間運転ができるためとされています。

超高温瞬間滅菌（UHT滅菌）

世界的には、超高温瞬間殺菌と同様な滅菌器を用い、生乳を八五℃に五分間保つことなく、直ちに一四〇℃程度で数秒間の加熱を行う方法が行われます。滅菌後の牛乳は急冷されて無菌の充填タンクに送られ、ポリエチレン、アルミ箔、紙が貼り合わされた無菌容器などに充填されます。この方法は世界各国で行われるUHT滅菌法で、菌が実用的にゼロであるために、常温保存が可能です。日本では「常温保存可能品」と表示された製品で、ロングライフ牛乳とか、LL牛乳、LL製品と呼ばれます。

UHT滅菌の方法には、加圧した高温の蒸気で間接的に牛乳を加熱する**間接UHT滅菌**と、高温の蒸気を牛乳に直接吹き込んで加熱し、直ちに蒸気を取り去る**直接UHT滅菌**の二種類の方法があります。直接法は温度の上下が迅速なので、牛乳への熱の影響が間接法より少ないのが特徴です。直接UHT滅菌と、日本式間接UHT殺菌の温度履歴を、図3・2に示しました。日本式間接UHT殺菌以外の間接UHT滅菌法には、八五℃で五分間の部分がありませんので、加熱の影響が少な

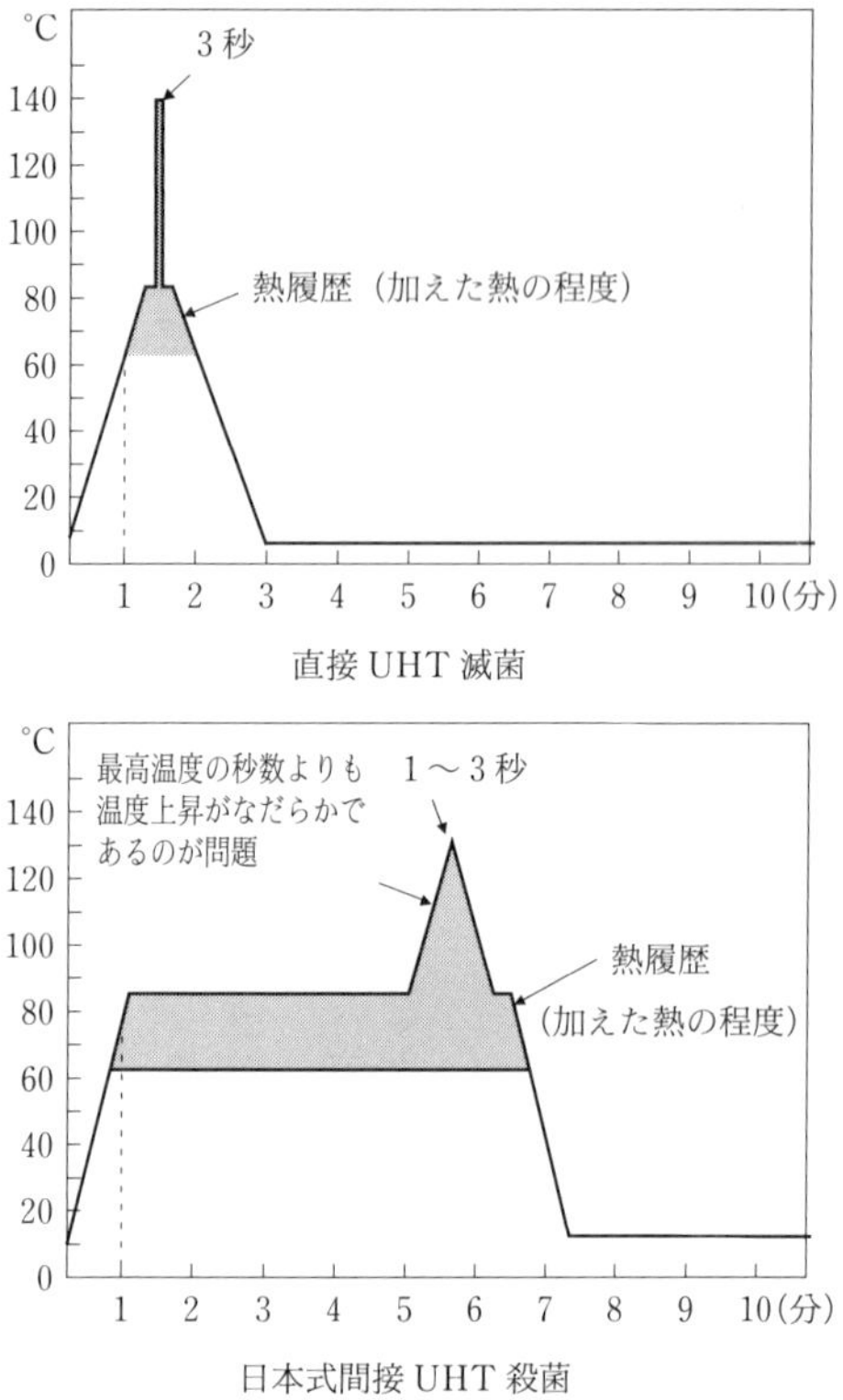

図 3.2　直接 UHT 滅菌と日本式間接 UHT 殺菌の温度履歴図

くなります。

ＵＨＴ滅菌されたＬＬ製品は、長期間常温で保管されることがあります。そのため、ボツリヌス菌と枯草菌の胞子を、滅菌しなければなりません。耐熱性の枯草菌が生き残ると、タンパク質や脂質の分解が起こり苦味がでますし、また有機酸ができます。この菌の滅菌には一四〇℃で七秒、または一四五℃で二秒の条件が必要です。なおＵＨＴ滅菌では、牛乳中のほとんどの酵素が失活します

写真 3.1　液体食品用直接加熱式滅菌装置
（テトラパック社提供）

が、リパーゼ（脂肪分解酵素）とプロテアーゼ（タンパク分解酵素）がわずかに残ります。このためLL牛乳を常温に保管すると品質が低下することがあります。

滅菌びん詰牛乳

日本では販売されていませんが、イギリスなどでは滅菌びん詰め牛乳が流通しています。これはクッキングフレーバー（一種の焦げた風味）を好む人がいるためです。日本でもUHT殺菌乳には、一種のクッキングフレーバーがあり、これが好まれているようです。

ホモジナイズ処理

以上の殺菌や滅菌処理の前または後に、ホモジナイズ（均質化）処理が行われます。この操作を行わなければ、生乳の大きな脂肪滴が浮上して、容器の上部に環状のクリームラインができます。今日ではほとんど全ての牛乳を、ホモジナイザーという機械で処理し、脂肪球を細分化しています。ホモ

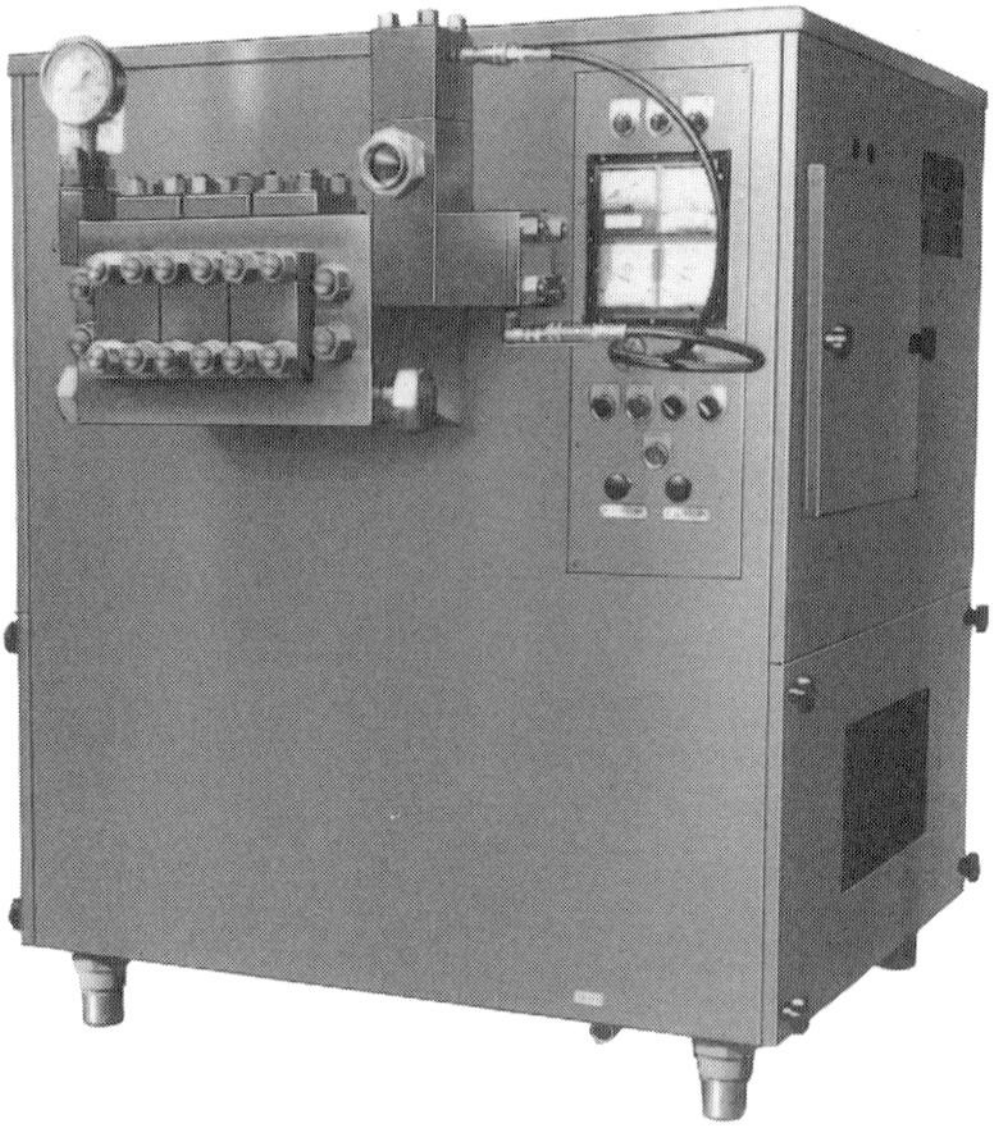

写真3.2　ホモジナイザー
（三和機械（株）提供）

ジナイザー（写真3・2）は、牛乳などの乳化液に数十～数百気圧の高圧をかけて、バルブと呼ばれる装置の狭い間隙に噴射します。この時の強い衝撃とかき混ぜの作用で、脂肪球が細分化されます。生乳の乳脂肪球は三～七ミクロンですが、ホモジナイズ牛乳の乳脂肪球は一ミクロン程度になります。

2　牛乳の殺菌法と品質

(1)　主要栄養素の変化

牛乳の加熱殺菌によって変化しやすい栄養成分は、タンパク質（特にホエータンパク）とビタミンで、炭水化物と、脂肪の変化はあまりありません。ビタミン類の変化は、殺菌法による影響よりも、

表 3.1　牛乳の殺菌条件とホエータンパク質の変性

殺　菌　法	殺菌条件	変性の度合
低温長時間殺菌(LTLT)	63°C 30分	10%
高温短時間殺菌(HTST)	73°C 15秒	12%
高温短時間殺菌(HTST)	85°C 30秒	52%
日本式UHT殺菌	120°C　2秒	70%
同　上	130°C　2秒	80%
同　上	140°C　2秒	85%
間接UHT	140°C　4秒	90%
直接UHT	140°C　4秒	50%

包装法や貯蔵法や取扱いによる影響の方がむしろ問題です。

タンパク質の変化

牛乳のタンパク質は、約八〇%がカゼインで、約二〇%がホエータンパク質です。カゼインは粒状に集まって牛乳中に分散し、熱に強いので低温殺菌からUHT滅菌の温度帯での熱処理では変化しません。ホエータンパク質は種々の種類のタンパクの総称で、カゼインと異なり牛乳中に溶けた状態で存在します。ホエータンパク質は熱で変性しやすく、元来の性質と異なってきます。熱変性とは卵や肉を加熱すると、固さ、色や透明性が変わる現象です。ホエータンパク質の熱変性しやすさは、弱い順に免疫グロブリン、血清アルブミンとラクトフェリン、β-ラクトグロブリンです。

ホエータンパク質の熱変性では、タンパク質の栄養価が下がることはありません。牛乳のホエータンパク質（特にβ-ラクトグロブリン）は、母乳に含まれるものと性質が異なります。そのため、摂取する人の体質によってアレルギーの原因になりますが、熱変性で消化性が高まり、アレルゲン性が弱まるという報告もあります。

多くの研究結果を総合しますと、生乳のホエータンパク質の熱変性の程度は、およそ次のようになります。間接UHT滅菌牛乳のホエータンパク質の熱変性が九〇％と最大で、直接UHT滅菌牛乳は五〇％程度です。表3・1の低温長時間殺菌と高温短時間殺菌の条件はパスツリゼーションですが、ほとんどホエータンパク質の熱変性には差異がありません。

熱変性とは別の問題ですが、タンパク質やアミノ酸の熱による分解は最大で数％で、UHT滅菌した牛乳でやや多いのですが、低温殺菌牛乳と大差はありません。

炭水化物の変化

現行の各種熱殺菌による炭水化物の変化は少なく、牛乳の栄養価に影響しませんが、主成分の乳糖（ラクトース）の一部が熱変性を起こし、ラクチュロースという糖に変わります。また糖類の過熱でできるヒドロキシメチルフルフラール（HMF）、乳糖とアミノ酸との反応でフロシンができます。これらの物質（指標物質）の量を分析すると、牛乳に与えられた熱処理の程度を知ることができます。

ビタミン類の変化

牛乳のビタミン類について、最初に知っておくべきことは、季節や飼料、生乳の新鮮度、流通条件、光、貯蔵法などによって、ビタミンの含有量が大きく異なるということです。ビタミンAやカロテンは夏に多く、冬の二〜三倍もありますが、それは飼料の青草のためです。他のビタミン類の季節変化は、最大と最少で2〜3割の変化があります。しかし、ビタミンCの季節変化は小幅です。

低温殺菌でもUHT殺菌でも、ビタミン類はやや減少しますが、ビタミンA、D、Eなど油に溶けて熱に安定なビタミンは、殺菌法による差がありません。ビタミンCは低温殺菌で10〜25%、UHT滅菌で二五〜三〇%減ります。葉酸は一〇〜二〇%が減少します。しかし、B_1、B_2、B_6などの水溶性ビタミンの減少は10%以下で、殺菌法で大きな差はありません。

ミネラルの変化

カリウム、カルシウム、ナトリウムなど牛乳に多量に含まれるミネラルは、牛や季節による差はほとんどありません。熱処理で不溶化など吸収性の変化がカルシウムで起こりますが、問題になるほどではありません。一方、鉄、銅、セレン、亜鉛など微量のミネラルは季節よる含有量差が大きく、鉄と亜鉛は滅菌処理で減少します。

カルシウム吸収率の変化

牛乳、発酵乳、チーズなどの乳製品は、カルシウムの重要な供給源です。カルシウムは多くの食品中に含まれますが、その含有量は牛乳に多く、一〇〇グラム中に一二〇ミリグラムも含まれます。

カルシウムの体内への吸収率は、食品によって五〜七〇％と大差があり、ほうれん草は多量のカルシウムを含みますが、ほとんど吸収されません。牛乳中のカルシウムの吸収は、データによって大差がありますが、三二〜六〇％が吸収されるとされます。

牛乳中のカルシウムは約三〇％が可溶性で、水中に溶解しており、残りはカゼインと結合して不溶性です。水溶性のカルシウムの方が、吸収率が高いのは当然です。牛乳を高温度に加熱すると、可溶性のカルシウムの一部が不溶性になりますが、酸性にして温度を下げると水溶性になります。一方、高温でホエータンパク質が熱変性すると、そこに不溶性になったカルシウムが結合し、さらにカゼイン粒子に結合します。このカルシウムは吸収されにくくなりますので、牛乳に過度の熱を加えることは禁物です。例えば、缶詰の濃縮れん乳では、可溶性カルシウムが半分に減ります。

牛乳の可溶性のカルシウムの不溶化は、パスツライズ牛乳が最小で、加熱処理に比例して増えます。そこで、タンパク質の変性が大きい間接ＵＨＴ滅菌牛乳では、不溶性のカルシウムが増加しますが、その割合は最大で五％程度と推定されます。したがって特に間接ＵＨＴ牛乳のカルシウム吸収率が、やや下がるのは否定できません。直接ＵＨＴ滅菌牛乳は、タンパク質の熱変性が少ないので、カルシウム利用率の低下は少なめとみられます。

⑵　牛乳容器と保存法で品質は大きく変化する

牛乳のビタミン類の栄養価について、大きな問題があります。それは第一に容器の問題です。普通の牛乳用紙容器は、紙にポリエチレンが張り合わされています。この包装容器は通気性があり、また光を通すので、酸化などによる品質変化が起こります。一方、LL牛乳には、アルミ箔とポリエチレンを多層に張り合わせた紙製の容器を使いますが、アルミ箔は空気も光も通さないので、通気性も光の影響もありません。

同じUHT滅菌牛乳を紙容器とアルミ箔容器に、無菌的に詰めて四℃と一〇℃の暗黒な場所に置き、ビタミンの含有量変化を調べた結果を図3・3に示しました。ビタミンCでは、アルミ箔容器に比べて紙容器の減少が激しく、七日でアルミ箔容器の半分になり、二倍の速さで消失したことが分かります。ビタミンB_2では差は少ないのですが、紙容器中の減少が大きく、葉酸では大きな差が

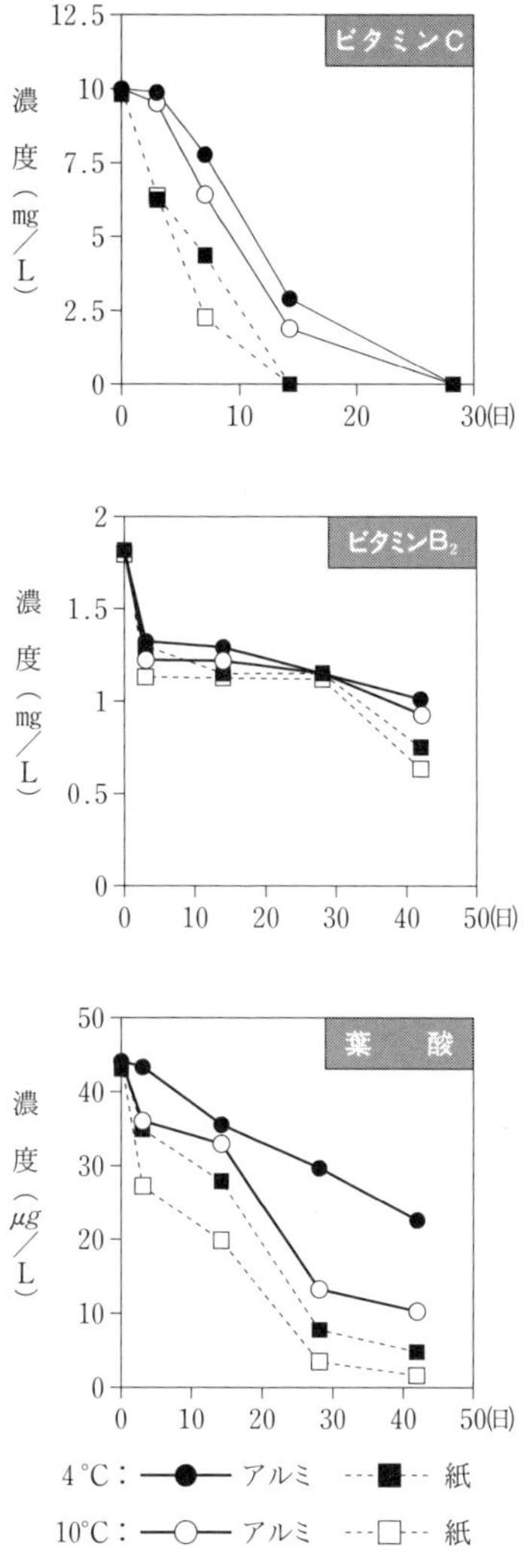

図3.3　容器、温度の違いによる牛乳中のビタミンの残存量の変化

ありました。これらの現象は酸素によるビタミン類の酸化によります。

また、光によるビタミン類の減少は、びん詰や紙容器入りの牛乳が、一旦太陽光にさらされると、その後に冷蔵してもビタミンCは急激に無くなります。それにつれて、ビタミンB_2や葉酸も急速に減少します。最近、宅配牛乳が復活していますが、太陽にさらすことは禁物です。

光は太陽光に限りません。明るい室内や蛍光灯でもビタミンの分解が起こります。図3・4に温度10℃で売場での蛍光灯にさらされた（二〇〇〇～二二〇〇ルックス）紙容器牛乳と、アルミ箔容器のビタミン類の減少を示します。紙容器ではビタミンCは三日で半分になり、五日ではほぼ無くなります。三日でB_2は半分程度、葉酸は五日で三分の一が失われます。牛乳はビタミンB_2と葉酸の重

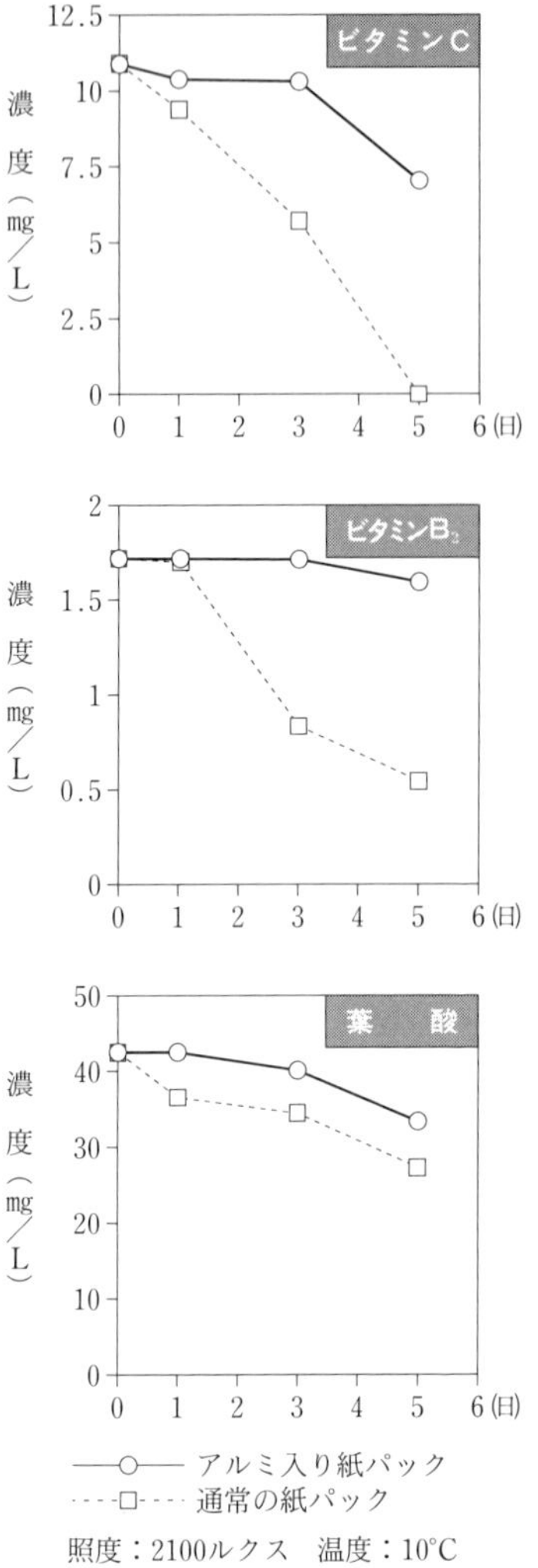

図3.4　光の照射による牛乳中のビタミンの残存量の変化（服部篤彦ら）

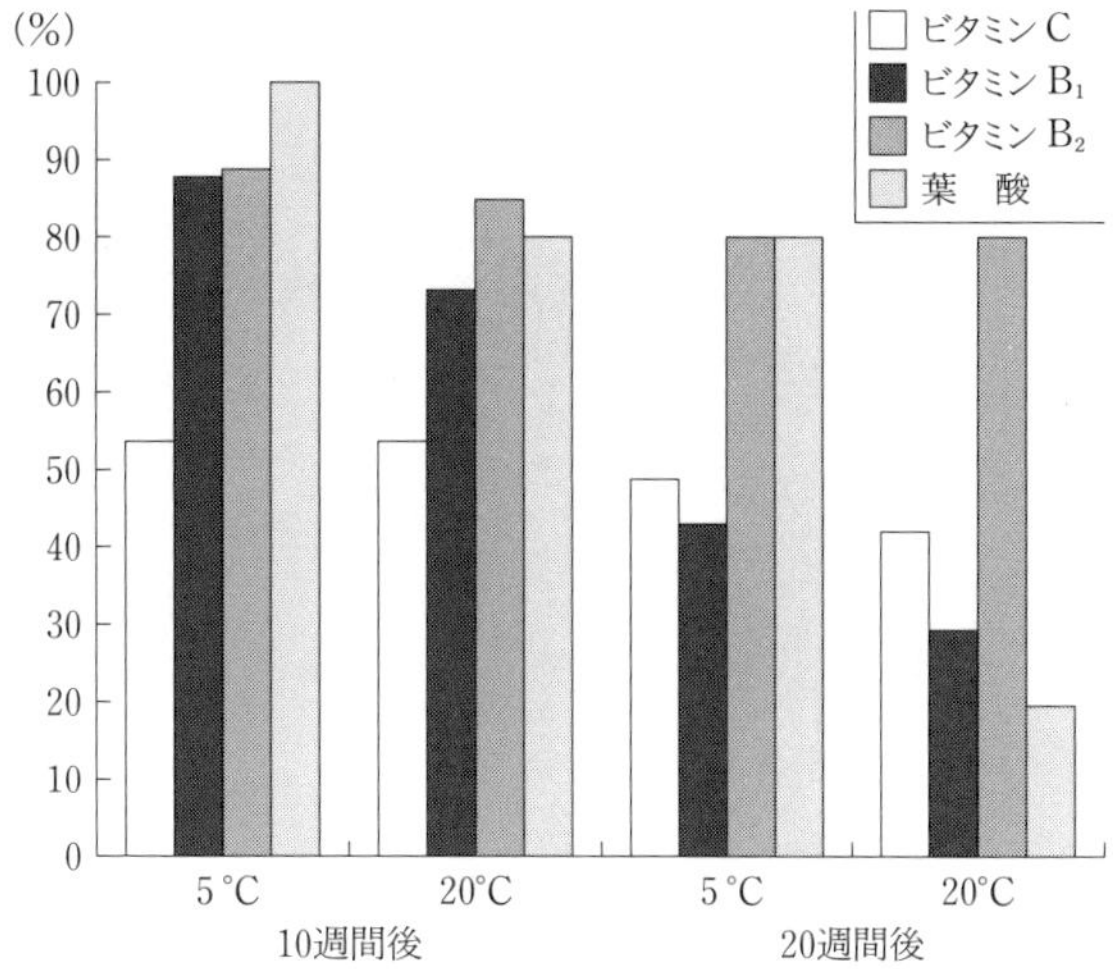

図 3.5　LL牛乳のビタミンの変化
（5°C、20°Cで10週および20週での変化）

要な供給源ですから、これらの減少は栄養的に重大です。ビタミンAなど他のビタミンも、程度は少ないのですが光と酸化で失われます。

図3・5は、常温保存ができるLL牛乳を、温度を変えて長期間保存した場合のビタミン減少を示します。光はあたらなくても、温度が高いほど、時間が長いほどビタミン類は減りますが、特にビタミンCとB_1の減少が多いことが分かります。原因は牛乳中の溶存酸素で、ビタミン類が酸化されるためです。

第4章　牛乳の性質と栄養価

1　なぜ牛乳は白く見えるのか

牛乳に限らずほ乳類の乳は、多少の違いはあっても白いのが普通です。例外はシロクマ、クジラ、アザラシの乳で、濃度が高く黄色みを帯びています。人や他のほ乳類の出産した後、数日続く黄色みを帯びた乳を初乳といいます。初乳は普通の乳と成分が異なり、免疫成分を多く含みます。

乳が白く見えるのは、乳脂肪とカゼインタンパク粒子が光を反射するためです。片方だけだと白さに差ができます。それは脱脂牛乳と牛乳の、白さの差をみれば分かります。牛乳は無数の乳脂肪球を含んでいますが、脱脂乳はほぼ完全に乳脂肪を除いてあります。脱脂乳の白さは、主に脱脂乳にけん濁（液体中に固体の微粒子が分散）している、タンパク質のカゼイン粒子が原因です。

カゼイン分子は多数集まってカゼイン粒子を構成します（これをカゼインミセルと呼びます）。カゼインミセルは、直径が平均で一五〇ナノメーター（一メートルの十億分の一で㎚と書きます）で、電子顕微鏡で見ることができます。一方、ホモジナイズ牛乳の乳脂肪球は、直径が一～三ミクロン

（一〇〇〇～三〇〇〇ナノメーター）で、光学顕微鏡で見ることができます。

ここで簡単に牛乳の成分を紹介すると、牛乳の乳脂肪は三～四％で、タンパク質は三～三・五％、糖分（主に乳糖）は約四・五％です。カゼインタンパク質は二・五％程度含まれ、水に溶解するホエータンパク質は約〇・五％です。

さて、薄いガラス製のビーカーに牛乳と脱脂乳を入れて、深さを三ミリメーターくらいにして新聞の上に置いてみましょう。牛乳は真っ白で新聞の字は見えませんが、一ミリメートルにすると判読できます。一方、脱脂乳では三ミリメーターくらいまでは字が見えます。これは光の反射と散乱による現象です。光が牛乳のように元来不透明な物質に当たると、ほぼ全部の光が反射されて、あちこちに散乱し色は白く見えます。しかし、けん濁する物質の大きさが光の波長の半分程度の大きさになると、光は反射せずに透過して物質は透明に見えます。目に見える光線の波長は三八〇～七七〇ナノメーター（青→赤）ですから、脂肪の直径が三〇〇〇ナノメーター（三ミクロン）ある牛乳に当たった光は、全てが反射され白く見えます。脱脂乳中のカゼインミセルの直径は二〇～三〇〇ナノメーターです。数の上では脂肪球よりはるかに多いのですが粒子の大きさからすると、反射

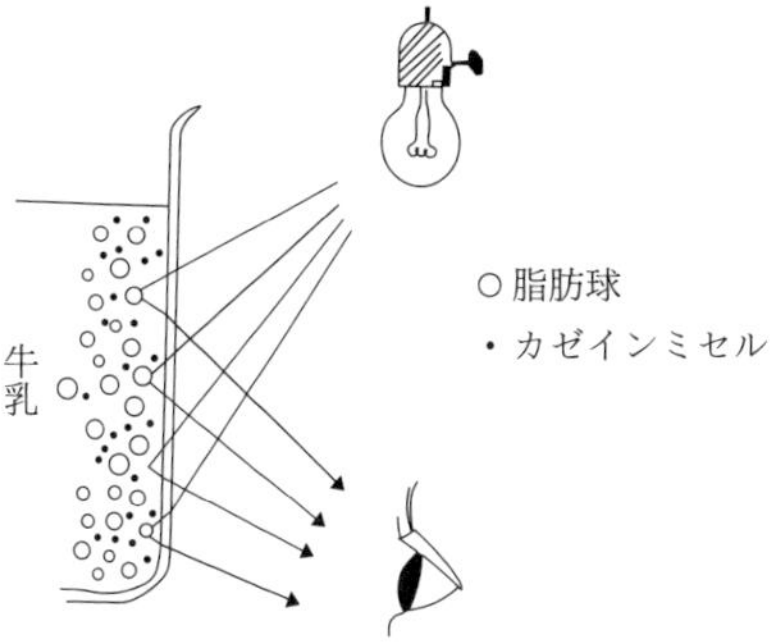

図 4.1　牛乳に当たった光を見る

する光は主に短波長の紫や青の光で、長波長の赤い光は透過しやすくなっています。したがって脱脂乳は青みがかかって見えます。光の反射は一回だけでなく、何回も粒子に当たった光が反射します。このように牛乳が白く見えるのは、カゼインと乳脂肪の粒子のためです。

2　牛乳を顕微鏡でのぞくと

牛乳に泡が入らないようにして、顕微鏡で見たものが次頁の写真4・1です。目に入る大小無数の球が乳脂肪球で、それ以外は見えません。生乳では最も小さいものの直径は一ミクロン程度で、大きいものは七ミクロン以上もあります。市販の牛乳はホモジナイズ処理で乳脂肪球を細かくし、直径が平均で一ミクロン程度、最大で三ミクロンになっています。光学顕微鏡では、普通は乳脂肪球以外の成分は見えません。

カゼイン粒子（写真4・2）を見るためには、電子顕微鏡が必要です。乳脂肪球とカゼイン粒子は、牛乳の水分中にけん濁（分散）しています。そのほかの成分である、ホエータンパク質と乳糖などは水に溶解しています。牛乳のカゼイン分子が多数集まったカゼインミセルは、光を乱反射するので脱脂乳も不透明です。しかし脱脂乳にその半分量のアルコールを加えて、六五℃に加熱しますと、脱脂乳は透明になります。これはカゼイン分子がバラバラに分散して、分子が光の波長より小さくなるためです。

A：牛　乳

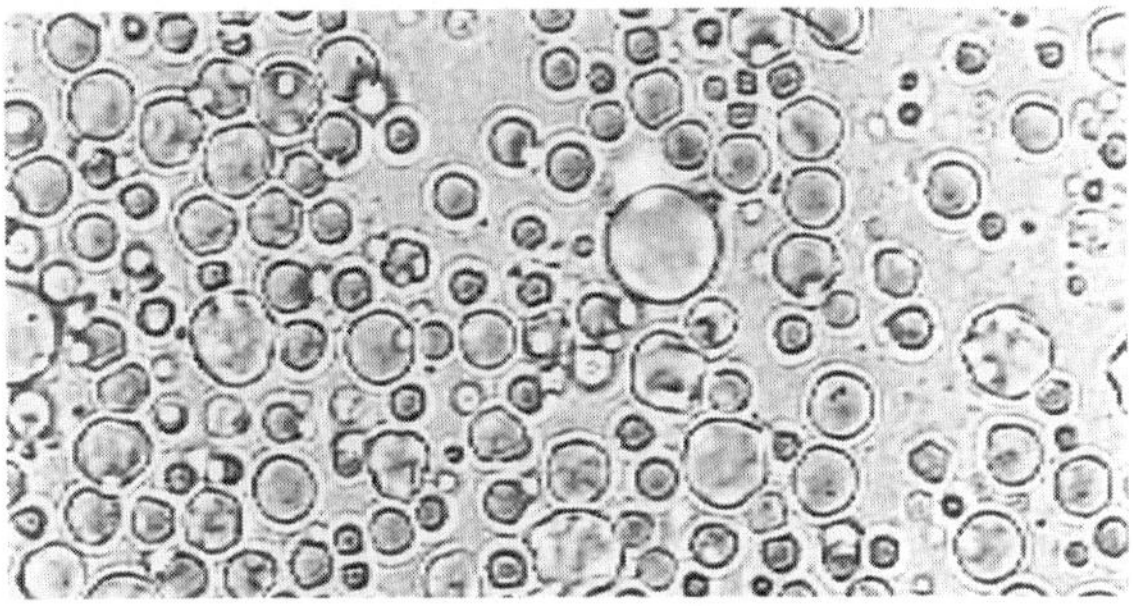

B：ホモジナイズ牛乳

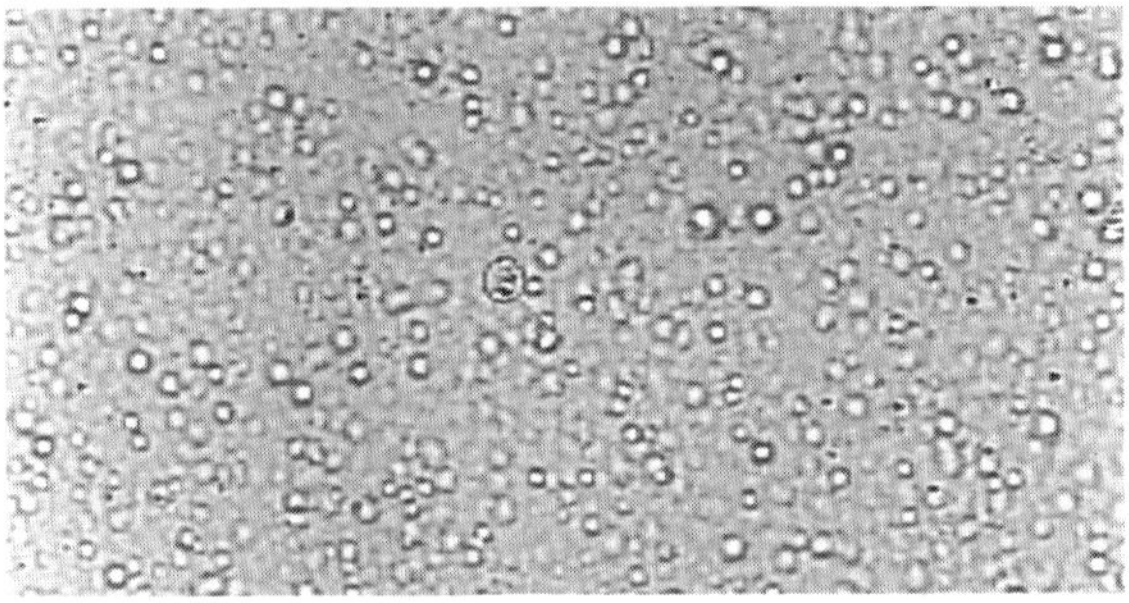

（上：生乳×1000，下：ホモジナイズ牛乳×1000）

写真 4.1　牛乳の顕微鏡写真

封を開けた牛乳を室温に長く放置しておくと、ヨーグルトのように固まっていることがあります。これは天然の乳酸菌が牛乳の中で増殖し、乳酸菌が作った乳酸で牛乳が酸性になって、カゼイン粒子が互いに凝集して固まったためです。この固まりをかき回すと、透明な液がカゼインから分かれてきます。また、固まりをゆっくり加熱すると、カゼインの固まりは縮んで小さくなり、大部分は半透明の液になります。この液がホエーで（乳清ともいう）、ホエーには牛乳成分の糖分（乳糖）と

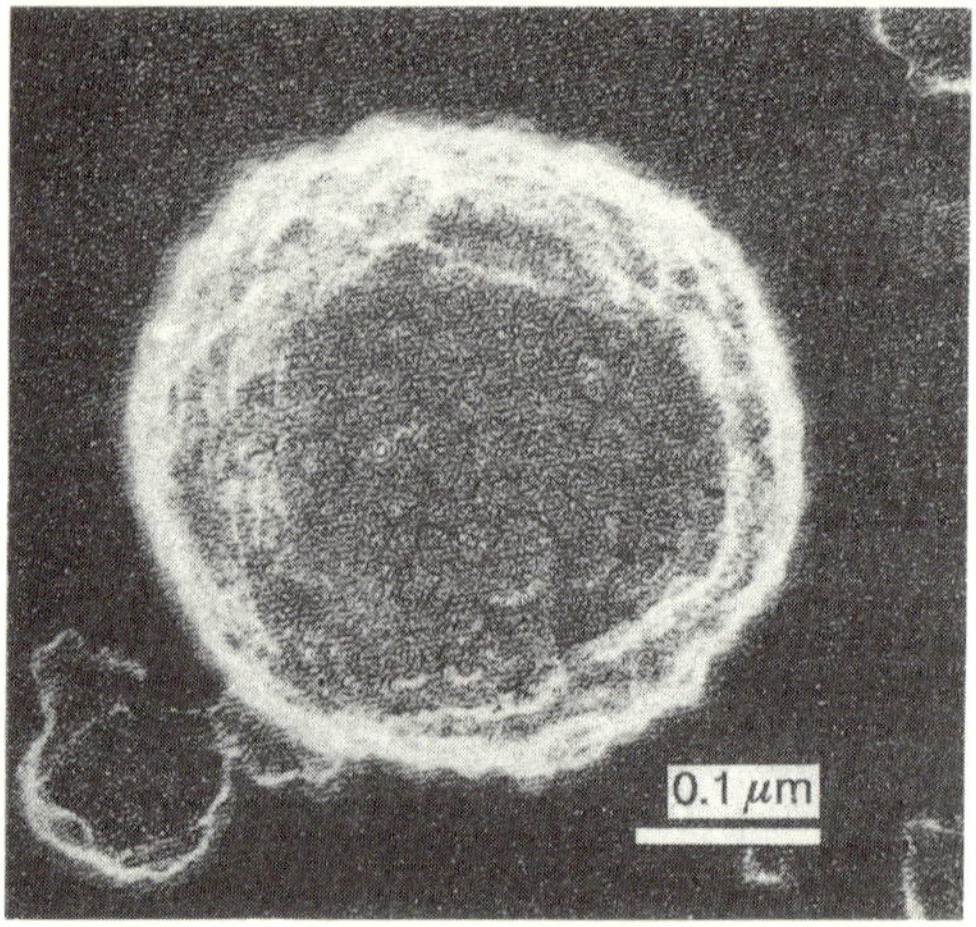

写真4.2　カゼインミセルの電子顕微鏡写真

出典：P.F.Fox. Advanced Dairy chemistry. Vol.1

ホエータンパク質が含まれます。この現象は、ナチュラルチーズができる工程と同じです。乳脂肪球はカゼイン粒子が凝集した固まり中に取り込まれ、ホエーにはほとんど含まれません。

　このように牛乳の中には、顕微鏡などで見ることのできる乳脂肪球と、電子顕微鏡で見えるカゼインの粒子が分散し、乳糖、ホエータンパク質、無機質などの成分が溶解しています。よく「水と油」というように、全くなじまない成分が、牛乳中で安定に保たれるのは不思議に思われます。後に詳しく説明しますが、これは乳脂肪球を覆っているレシチン類とタンパク質にその秘密があります。

3　牛乳の成分

牛乳は子牛の完全栄養食です。表4・1に大まかな成分を示しました。この数字は二〇〇〇年に

表4.1　普通牛乳の成分と栄養価（100g、96.9mL中）

エネルギー	67kcal　280kJ	ビタミンA	39μg
水　分	87.4g	ビタミンB_1	40μg
タンパク質	3.3g	ビタミンB_2	150μg
脂　質	3.8g	葉　酸	5μg
炭水化物	4.8g	ビタミンC	1mg
灰　分	0.7g	コレステロール	12mg
カリウム	150mg		
カルシウム	110mg	（μgはmg/1000）	
マグネシウム	10mg		

藤田　哲、食用油脂－その利用と油脂食品　幸書房（2000）。

改訂された「五訂日本食品標準成分表」によっています。その成分は母乳（人乳）とはかなり異なりますが、この問題は後に詳しく述べます。日本食品標準成分表は、あくまでも日本で売られている食品の分析値で、平均値ではなく代表的な数値を示しています。また、分析技術の進歩や食品自体の変化に応じて、約一〇年ごとに改訂されています。この成分表の数値は、外国で発表されている数字と異なることがあります。それは例えば、世界では多種類の乳牛が飼われていますが、現在日本の乳牛の九九％までが、やや薄目の乳をだすホルスタイン種で、牛の種類によって成分値が異なります。つまり、「所変われば品変わる」ということです。

日本の平均的牛乳は八七・四％が水で、固形分は一二・六％であり、三大栄養素のタンパク質三・三％（約八〇％はカゼイン、残りはホエータンパク質）、炭水化物（主に乳糖）四・八％、脂質（主に乳脂肪）三・八％を含みます。牛乳の栄養価値は水を除いた固形物にあるので、これを**乳固形分**と呼び、乳固形分から脂肪分を除いたものを**無脂乳固形分**といいます。厚生労働省の牛乳・乳製品の定義もこれらの数値を用いています。最近の低カロリー志向から需要が増えている脱脂乳は、脂質が〇・一％で、固形分は約九％の無脂乳固形分からなっています。このためカロリーは三三キロカロリーと牛乳の約半分になっています。固形分が約三〇％減って、エネルギーが半分になるのは、脂質のエネルギーが九・二キロカロリーと、タンパク質や炭水化物の四キロカロリーの二倍以上あるためです。

牛乳の水分は約八七％で、水がかなり多い食品のように思われます。しかし意外と思われるでしょうが、多くの野菜や果物の水分は九〇％前後で、赤身の肉類や魚肉、ハム、かまぼこなどでも七〇％前後の水を含みます。その意味では牛乳は必ずしも固形分の少ない食品とは言えません。また、野菜・果物のエネルギーは二〇～五〇キロカロリー、ビールで四〇キロカロリーですから、牛乳の六七キロカロリーは低カロリーでもありません。欧米諸国では、牛乳は老若男女を問わず基礎的な栄養食品で、日本の価格の二分の一程度で買うことができます。牛乳の固形分の構成は、脂肪三〇％、タンパク質二六％、乳糖三八％、灰分五・五％と、高タンパク質高脂肪食品の代表格といえるでしょう。

4　牛乳のタンパク質

牛乳のタンパク質は約八〇％のカゼインと、二〇％程度のホエータンパク質からなっています。カゼインは粒子状で水に分散し、ホエーは水に溶けていることは前に述べました。そして、カゼイ

表4.2　牛乳のタンパク質類

種　　類	異性体または種類数	脱脂乳の全タンパク質中(%)	分子量(kdal)	リン含量(%)(mol)
カゼイン類		**80**	—	**0.9**
α_{s1}-カゼイン	5	34	23.6	1.1 (8)
α_{s2}-カゼイン	4	8	25.2	1.4 (10)
κ-カゼイン	2	9	19	0.2 (2)
β-カゼイン	7	25	24	0.6 (5)
γ-カゼイン	12	4	12〜21	0.1 (1)
ホエータンパク質類		**20**	—	
β-ラクトグロブリン	7	9	18.3	
α-ラクトアルブミン	3	4	14.2	
血清アルブミン		1	66.3	
イムノグロブリン	5	2	80〜950	
プロテオースペプトン		4	4〜41	

［H.-D. Belitz and W. Grosch. Food Chemistry. 2nd erlag (1999), p.474 より作成］

ンとホエーのタンパク質は、それぞれ単純なものではなく多くの成分があり、特にカゼインでは複雑な構造をなしています。これらについて簡単に説明しましょう。

(1) 牛乳中のカゼインの構造

表4・2は牛乳のタンパク質の種類と組成を示しています。牛乳の主要なタンパク質はカゼインですが、カゼインには五種類のタンパク質があり、α-カゼインとβ-カゼインで七割弱を占めます。カゼインの特徴はリン酸の形でリンを含むことで、リンはカゼインタンパク質全体の〇・九%、α-カゼイン中には一・四%も含まれています。カゼインのリン酸は、カルシウムをタンパク質に結びつける役割をはたしています。κ-カゼインは他のカゼインと異なり、糖がつながった炭水化物（糖鎖）がついていま

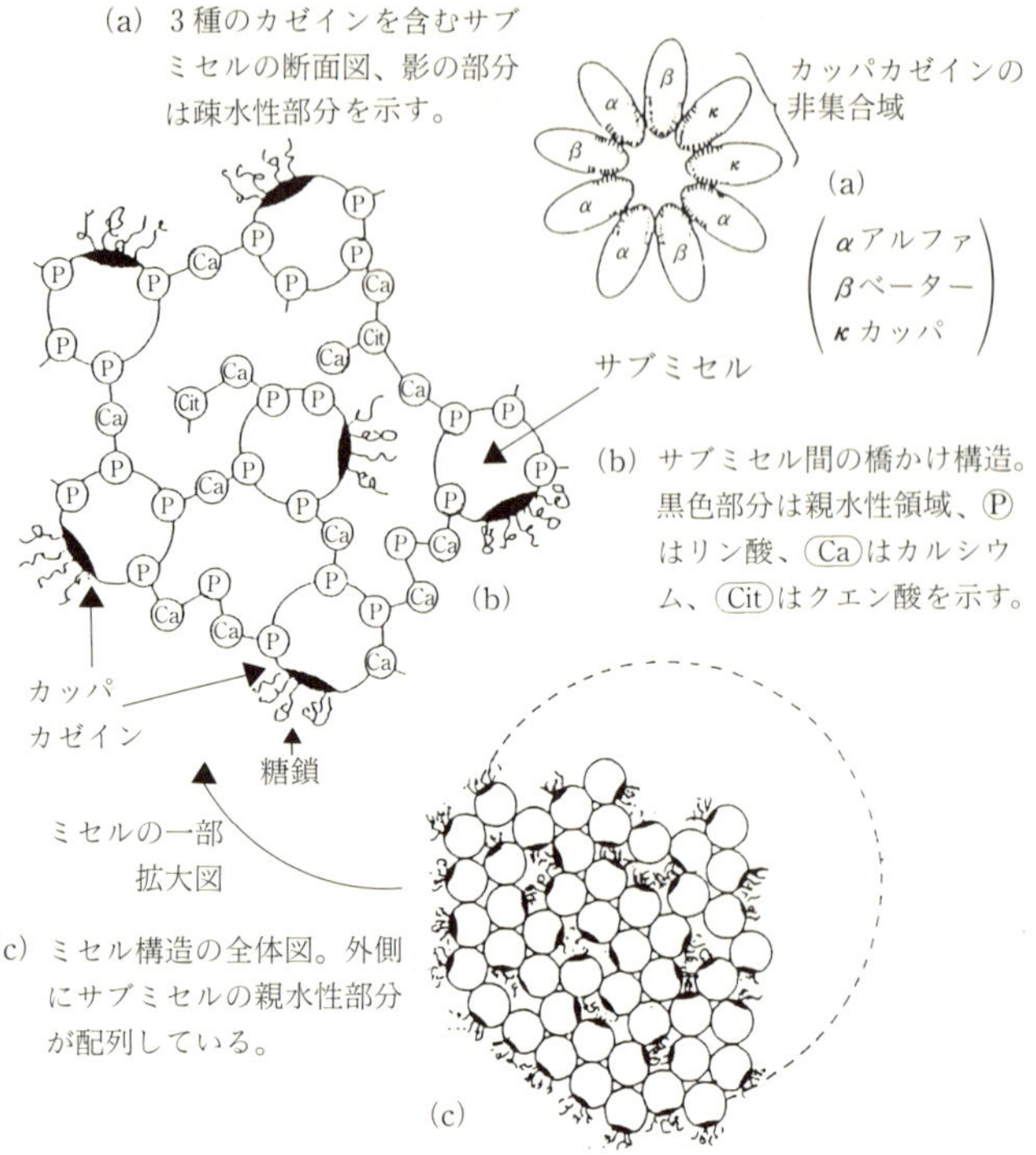

(a) 3種のカゼインを含むサブミセルの断面図、影の部分は疎水性部分を示す。

(b) サブミセル間の橋かけ構造。黒色部分は親水性領域、Pはリン酸、Caはカルシウム、Citはクエン酸を示す。

(c) ミセル構造の全体図。外側にサブミセルの親水性部分が配列している。

図4.2　カゼインミセルの構造摸式図

す。糖鎖は水に溶けやすいので、カゼインミセルには水となじむ部分があるわけです。

カゼイン分子は水になじみにくい（疎水性）部分が多く、約三〇個の分子の疎水性部分が相互に付着して、サブミセルと呼ばれる固まりを作ります。さらに、数一〇個のカゼインサブミセルが集まって、カゼインミセルと呼ぶ粒子になります。この関係を図4・2に示しました。カゼインミセルの構成は、カゼイン分子についているリン酸どうしが、カルシウム（Ca）を仲立ちにして結合して、安定な固まりになっています。

カゼインミセルは球状ですが、球の表面をκ-カゼイン糖鎖が覆うように、配列するのが特徴です。カゼインミセルの表面が、糖鎖によって水になじみやすいために、粒子が牛乳中で安定に分散することができます。

このように細かい物質が水中に分散した状態を、コロイドと呼びます。カゼインミセルは、平均直径が約一五〇ナノメートルの大きさで、分子量は平均数千万、カゼインミセルが安定な固まりを作るのは、主にカゼイン分子のリン酸と、カルシウムの結合によります。牛乳のカルシウムの三分の二が不溶性のコロイドであるのは、カゼインミセル中に含まれるためです。

チーズの製造では、牛乳にレンネット（キモシンともいいます）という酵素を働かせます。レンネットはκ-カゼインを分解し、その糖鎖部分を切り離すので、カゼインミセルは水中での安定性を失い、互いに凝集して沈殿します。また牛乳の乳酸菌の繁殖で酸ができると、カルシウムが水中に溶けだし、カゼインミセルが壊れ、これもカゼインの沈殿を引き起こします。このようにしてカゼインタンパク質が分離され、チーズが作られます。このときの水相がホエーで、ホエータンパク質は沈殿しないので、カゼインと分離されます。逆に水酸化ナトリウムでアルカリ性にすると、カゼイン中のカルシウムはナトリウムに置き換えられ、カゼイン分子はバラバラになって水に溶けやすくなります。

表 4.3　人の必須アミノ酸の必要量と牛乳中の必須アミノ酸量

必須アミノ酸	1日必要量(g)†	牛乳250ml中量(g)
ヒスチジン	0.84	0.22
イソロイシン	0.70	0.49
ロイシン	0.98	0.79
リジン	0.84	0.64
メチオニン*	0.91	0.20
フェニルアラニン**	0.98	0.39
トレオニン	0.49	0.36
トリプトファン	0.25	0.11
バリン	0.70	0.54

†体重 70 kgの成人の推定1日所要量
＊全含硫黄アミノ酸（メチオニン＋シスチン）
＊＊全香族アミノ酸（フェニルアラニン＋チロシン）
(資料：USA National Dairy Council 1993)

(2)　ホエータンパク質

牛乳から乳脂肪とカゼインを除いたホエーは、乳糖とホエータンパク質を含みます。これを乾燥させたものがホエーパウダーであり、そこからタンパク質を分離するとホエータンパク質が得られます。ホエータンパク質は球状のタンパク質で、水に溶けます。ホエータンパク質にも種類があって、β-ラクトグロブリン、α-ラクトアルブミン、血清アルブミン、免疫グロブリン、プロテオースペプトン、ラクトフェリン、トランスフェリンを含みます。β-ラクトグロブリンはホエータンパク質の半分を占めますが、母乳（人乳）にはこのタンパク質がないため、アレルギーの原因になることがあります。免疫グロブリンは仔牛の種々の免疫現象に関連します。ホエータンパク質は七〇℃以上の温度に置かれると、熱変性を起こして水に不溶性となり沈殿を起こします。

(3) 牛乳タンパク質のアミノ酸

水を除くと、我われの身体を構成する最多の物質はタンパク質で、タンパク質は約二〇種のアミノ酸で構成されています。これらのアミノ酸には人の身体で合成できるものとできないものがあります。合成できないものを必須アミノ酸と呼び、これらは食品から摂らなければなりません。ヒスチジン、イソロイシン、ロイシン、リジン、メチオニン、フェニルアラニン、トレオニン、トリプトファン、バリンの九種が人の必須アミノ酸です。ただ、システンがメチオニンを、チロシンがフェニルアラニンをある程度代替することができます。これらのアミノ酸が過不足なくバランスしていることが、タンパク食品の価値として重要です。

牛乳は高品質のタンパク源です。表4・3に必須アミノ酸について、体重七〇キログラムの成人の必要量と、牛乳二五〇ミリリットル中の量を示しました。牛乳には、硫黄を含むアミノ酸のメチオニンとシスチンが少ないのが特徴です。一方、牛乳にはリジンが多く含まれるので、一般にリジンの少ない植物性タンパク質の補強になります。吸収されたタンパク質のうち、何%が身体にとどまって役立つかを表すのに、**生物価**という指標を用います。生物価は、鶏卵タンパク質の生物価を一〇〇として表します。**タンパク質消化率**は吸収される%を示し、タンパク質の生物価と消化率の積を**正味タンパク質利用**と言います。乳タンパク質について、これらの数値を表4・4に示し

表4.4　乳タンパク質、カゼイン、ホエータンパク質の生物価と消化率

	生物価(%)	消化率(%)
全乳タンパク質	91	95
カゼイン	77	100
ホエータンパク質	104	100

(資料:Nutritional Quality of protein, Euro. Dairy Associ., 1997)

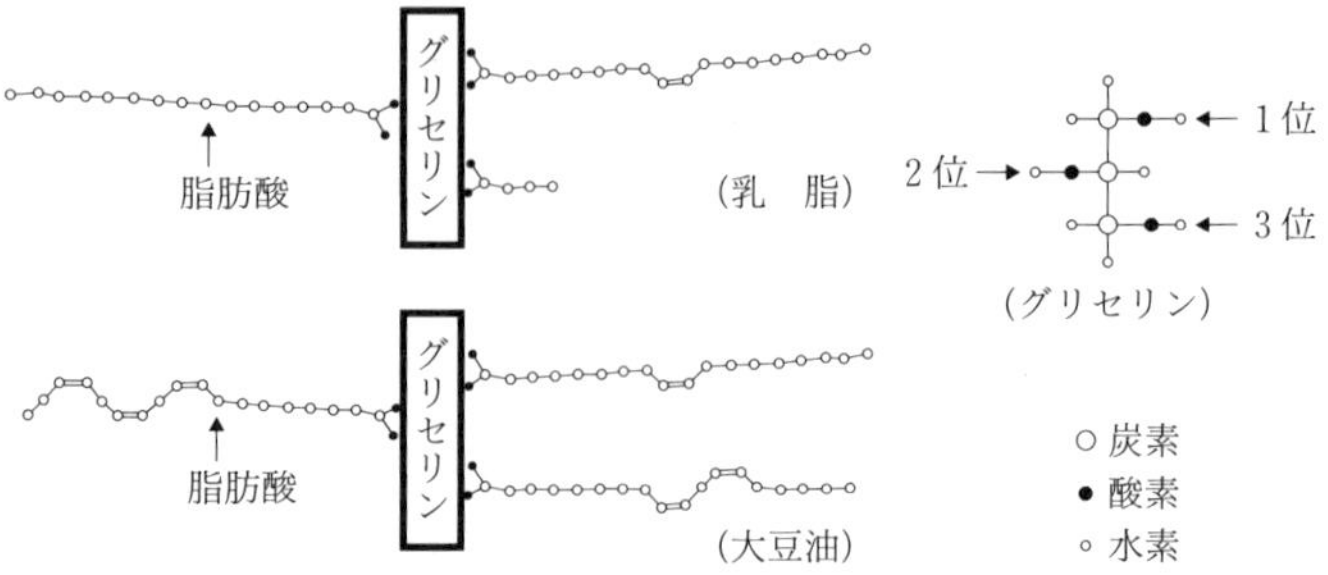

《油脂の構造：1個のグリセリンと3個の脂肪酸》

図4.3　乳脂と大豆油のトリグリセリド構造

ました。

5　牛乳の脂肪

乳に含まれる脂肪を乳脂肪といい、動物によって組成が異なります。牛乳の脂肪（以下単に乳脂肪または乳脂と記します）は天然に存在する油脂の中で、非常に特徴ある組成と構造を持っています。このため一般の油脂に見られない性質と風味を示します。例えば、バターをパイ生地に用いたときのその伸びのよさは、他の油脂で実現することはほとんど不可能です。乳脂肪はエネルギー源であるばかりでなく、種々の栄養上必須な脂肪酸を含み、油脂に溶けるビタミン類その他の養分の運び手として大変重要な栄養素です。

(1)　乳脂の構造

油脂とは、一つのグリセロール（グリセリン）に三個の脂肪酸が結合した化合物で、トリグリセリドと呼ばれます。トリグ

表4.5　牛、山羊、羊乳および母乳の主要脂肪酸組成

（重量%）

脂肪酸		牛　乳	同左範囲	山羊乳	羊　乳	母　乳
短鎖	$C_{4.0}$　酪　酸	3	2.5〜6.2	2	4	0
	$C_{6.0}$　カプロン酸	2	1.5〜3.8	2	3	0
中鎖	$C_{8.0}$　カプリル酸	1	1.0〜1.9	3	3	0
	$C_{10.0}$　カプリン酸	3	2.1〜4.0	9	9	1
	$C_{12.0}$　ラウリン酸	4	2.3〜4.7	5	5	5
	$C_{14.0}$　ミリスチン酸	12	8.5〜12.8	11	12	7
長鎖	$C_{16.0}$　パルミチン酸	26	24.0〜33.3	27	25	27
	$C_{18.0}$　ステアリン酸	11	6.2〜13.6	10	9	10
	$C_{18.1}$　オレイン酸	28	19.7〜31.2	26	20	35
	$C_{18.2}$　リノール酸	2	1.3〜5.2	2	2	7
	$C_{14.1}$　ミリストレイン酸	1		1	1	1
	$C_{16.1}$　パルミトレン酸	3		2	3	4
	$C_{18.3}$　リノレン酸	1		0	1	1
	$C_{20.4}$　アラキドン酸	0		0	0	tr
	その他脂肪酸	3*		0	3*	2*

＊その他脂肪酸：反すう動物では奇数酸、分枝酸など、ヒトの場合はDHA、EPAなどの高度不飽和脂肪酸を含む。

リセリドの構造は図4・3に示すように、グリセリンの持つ三本の腕（1位、2位、3位といいます）のそれぞれに、鎖状の脂肪酸が結合したもので、この結合をエステル結合と呼びます。油脂は、消化の過程でリパーゼという酵素の働きで分解されます。乳脂の九七〜九八%はトリグリセリドで、残りは〇・二〜一・〇%のリン脂質（レシチン類）、〇・二〜〇・四%のステロール類（コレステロールなど）、遊離の脂肪酸、油に溶ける（油溶性）ビタミン類です。乳脂のエネルギーは牛乳エネルギーのほぼ半分を占めます。

　油脂を構成する脂肪酸に関して、乳脂ほど多種類の脂肪酸を持つものはまれです。その特徴は水によく溶ける酪

酸（炭素原子数四個）から、炭素原子数二六個の脂肪酸まで、長さの異なる多種類の脂肪酸を含み、確認されたものだけで四〇〇種以上にもなります。酪酸やカプロン酸（ヘキサン酸ともいう）の炭素原子数四と六の短鎖脂肪酸の他に、中間の長さの中鎖脂肪酸（炭素原子数八～一四個）が多いのも牛乳脂肪の特徴です。表4・5に乳脂の主要な脂肪酸の組成を示しました。これら多数の脂肪酸が三個結合するトリグリセリドの種類は、数え切れないほど多様になります。興味深いことに、水溶性のある短鎖の脂肪酸は、ほぼ全量がグリセロールの3位の位置に結合します。この構造は水になじみやすく、つまり乳脂の分子の約三分の一が、普通の油脂より水になじむ（親水性の）性質を持つことになります。

乳脂を構成する脂肪酸は、飽和脂肪酸ではパルミチン酸が二五～三〇％を占め、ミリスチン酸が一二％程度で、不飽和脂肪酸ではオレイン酸が約三〇％です。牛乳の乳脂の構成は同じ反すう動物の山羊乳、羊乳の乳脂と類似しますが、母乳とは短鎖、中鎖脂肪酸の構成でかなり異なります。母乳には短鎖脂肪酸がなく、中鎖脂肪酸量が少なく、オレイン酸が多くなっています。また母乳には、DHAなど多価不飽和脂肪酸が含まれますが、牛乳にはほとんど見出されません。

乳脂に含まれる非常に特異的な脂肪酸に、共役リノール酸（CLA）があります。CLAは牛の腸内細菌の作用でリノール酸から作られます。CLAにはいくつかの健康効果が見いだされていますが、特に、発ガン物質の生成を抑制しガン細胞を殺します。乳脂中には、最大一・八％含まれますが、牧草で飼われた牛に多く含まれます。乳脂中のCLA含有量の増加法として、不飽和脂肪酸を含む油脂と多量の牧草を与える方法が検討され、魚油が最も有効とされました。

(2) 乳脂の消化

牛乳中の乳脂の消化のされかたは、基本的にはほかの油脂と大きく変わらないと見られます。一般の動植物油脂は胃の中で大粒の乳化状態になり、十二指腸に分泌されるレシチンと胆汁酸で乳化されます。十二指腸には、油脂を分解するリパーゼと、レシチンを分解するホスホリパーゼが分泌され、乳化された油脂に作用します。ここで油脂（トリグリセリド）は分解されて、モノグリセリドと脂肪酸になり、レシチンはリゾレシチンと脂肪酸になります。牛乳は最初から乳化されているので、消化はよりスムーズに進みます。分解産物のモノグリセリドと脂肪酸は、リゾレシチンと胆汁酸の助けで、ミセルと呼ばれる透明な乳化液になり、小腸の微じゅう毛内に吸収されます。理屈は省きますが、乳脂は大変乳化されやすい油脂である上、酵素分解されやすく、また分解された産物も腸内に吸収されやすいので、普通の油脂に比べて消化吸収が容易です。

6 牛乳の糖分（乳糖）

牛乳は糖分（炭水化物）を四・五％含み、その九九・八％が乳糖です。乳糖以外にもグルコース（ブドウ糖）などが微量に含まれます。乳糖はガラクトースとグルコースの二成分からできていま

表4.6　種々の乳の栄養成分比較（100g中）

栄 養 素	牛 乳	母 乳	山羊乳	羊 乳
水 (g)	88.0	87.5	87.0	80.7
エネルギー (kcal)	61	70	69	108
タンパク質 (g)	3.29	1.03	3.56	5.98
脂　肪 (g)	3.34	4.38	4.14	7.00
炭水化物 (g)	4.66	6.89	4.45	5.36
灰　分 (g)	0.72	0.20	0.82	0.96
ミネラル (mg)				
カルシウム	119	32	134	193
鉄	0.05	0.03	0.05	0.10
マグネシウム	13	3	14	18
リ　ン	93	14	111	158
カリウム	152	51	204	136
ナトリウム	49	17	50	44
亜　鉛	0.38	0.17	0.30	−
ビタミン				
C (mg)	0.94	5.00	1.29	4.16
B_1 (mg)	0.038	0.014	0.048	0.065
B_2 (mg)	0.162	0.036	0.138	0.355
ニコチン酸 (mg)	0.084	0.177	0.277	0.417
パントテン酸 (mg)	0.314	0.223	0.310	0.407
B_6 (mg)	0.042	0.011	0.046	−
葉　酸 (mcg)	5	5	1	−
B_{12} (mcg)	0.357	0.045	0.065	0.711
E (mcg)	0.11	0.54		
A　国際単位	126	241	185	147
コレステロール (mg)	14	14	11	−

備考：mcg はマイクログラム＝1/1000mg、−は測定せず
(出典：OSA National Dairy Council, 1993)

す。フラクトース（果糖）とグルコースからできているショ糖に比べて、乳糖の甘味は低く、ショ糖の約三分の一とされています。牛乳のほんのりとした甘さは、乳糖によっています。母乳の乳糖は六・九％で牛乳より甘味があります。表4・6では牛乳の組成を母乳

や山羊乳、羊乳と比較しました。乳糖はエネルギー源になるほか、牛乳の浸透圧を牛の体液と同じに保つ働きがあります。このため牛乳の乳糖濃度はほぼ一定に保たれます。

摂取された乳糖は小腸で分解され、ガラクトースとグルコースになります。小腸の表面細胞には、養分吸収の働きのある微じゅう毛という、大変細かい毛が密生しています。このために人の小腸の表面積は五〇〇平方メートル（テニスコート二面分）にもなります。分解された糖分、タンパク質、脂質（脂肪類）は、微じゅう毛を通して吸収されます。乳児期を過ぎて成長すると、乳糖を分解する酵素（ラクターゼ）ができにくくなる人がいます。いわゆる乳糖不耐性者で、このような人は牛乳を飲むと下痢を起こします。

7　牛乳のミネラルとビタミン

牛乳のミネラル類含有量は表4・6から分かるように、母乳の三〜四倍とかなり多量に含まれます。牛乳も母乳も完全食品ですが、子牛の成長が人の新生児の四倍程度であるため、カルシウムやリンの量もそれだけ必要になります。骨の成長にはカルシウムとリンが必要です。人より二〇倍も成長の早いウサギの乳には、カルシウムとリンが人の約二〇倍含まれます。カルシウムは骨の健康のために重要で、牛乳・乳製品はカルシウムの良好な供給源です。人の全摂取カルシウムに対する牛乳・乳製品への依存度は、アメリカで七三％、イギリス五六％、日本は二四％とされています。

ビタミン類には、ビタミンA、D、E、Kなど油脂に溶ける脂溶性ビタミンと、水に溶ける水溶性ビタミン（B_1、B_2、B_6、B_{12}、C、ビオチン、葉酸など）があります。これらのビタミン類の含有量は、牛では餌の、人では食事の影響を受けます。牛乳の特徴は、母乳に比べビタミンB_2が多くCとEが少ない点です。

８　母乳と牛乳はどこが違うか

母乳も牛乳も胎児が生後初めて口にする食べ物です。栄養や生理面で両者を比較しますと、似ている面もありますが、かなり異なった点を持っています。本来は、母乳は母が子に与える乳のことであり、容器に搾った母乳は人乳と言うべきでしょうが、ここでは母乳と表現します。表４・６は山羊乳と羊乳を含めて、牛乳と母乳の栄養成分を比較しています。すぐ目につく差異は、牛乳より母乳はタンパク質とミネラルが三分の一～四分の一と少なく、炭水化物が多いことです。

乳に含まれるタンパク質には、粒子状に分散しているカゼインと、水溶性のホエータンパク質があります。カゼインとホエータンパク質の比は、牛乳では八〇：二〇です。一方、母乳ではこの比が三〇：五〇であり、他にアミノ酸の一種のタウリンなどの窒素化合物を、約二〇の比率で含みます。ホエータンパク質の組成を見ると、母乳にはラクトグロブリンがなく、ラクトアルブミン、ラクトフェリン、免疫グロブリン、リゾチームを多く含みます。牛乳ではラクトグロブリンは多いのですが、最近その健康機能が注目されているラクトフェリンは、母乳の一五分の一程度です。

ラクトフェリンは母乳に〇・一四％含まれ、鉄の運び手として重要です。またラクトフェリンは病原菌を殺したり繁殖を抑制する上、酸化を防止する作用があります。**リゾチーム**には細菌を殺す働きがあり、乳首の衛生を保ちます。**免疫グロブリン**の種類は、母乳と牛乳で異なり、乳児に対する母乳の重要性がこの点でも分かります。母乳には脳の発達に欠かせない**タウリン**（硫黄を含むアミノ酸）を含み、またタウリンには、油脂の吸収を助ける作用があります。しかし、牛乳と母乳のタンパク質のアミノ酸組成は、母乳にシスチンが多い点を除くと大きな差はありません。

炭水化物については、牛乳は九九・八％が乳糖ですが、母乳の乳糖は九五％で、残りはオリゴ糖です。多くの**オリゴ糖**は小腸では消化されず、大腸内で**ビフィズス菌**の増殖を促進します。乳児の腸内でビフィズス菌が多い理由は、母乳に含まれるオリゴ糖であると推定されています。

母乳と牛乳では、**脂質**（脂肪酸など）の差異も顕著です。表4・5に示したように母乳はオレイン酸が比較的多く、牛乳にある炭素原子の数が四個と六個の短鎖脂肪酸は含みません。また母乳は、炭素原子数が二〇～二二個で不飽和結合の多い、アラキドン酸、エイコサペンタエン酸（ＥＰＡ）、ドコサヘキサエン酸（ＤＨＡ）の含有量が多いのが特徴です。ＤＨＡは乳児の脳神経系の発達に必須の脂肪酸ですが、牛乳の含有量は微量です。

ミネラルと**ビタミン**については前項でも述べましたが、カルシウムについては母乳と牛乳で、溶解のあり方がかなり異なります。牛乳ではカルシウムの三分の二がカゼインのリン酸などに結合して、不溶性のコロイドになっていますが、母乳では大部分が水溶性です。これは母乳にカゼインが少ないためで、母乳のカルシウム吸収率は牛乳より良好とされています。鉄も栄養上必須の元素ですが、乳児による母乳の鉄分吸収は、牛乳よりはるかに高く五〇～一〇〇％です。

9　牛乳・乳製品の種類と内容

乳牛から搾った生乳は、乳業工場に集められ、目的によって種々の加工が行われます。これを簡単な系統図として示すと、図4・4のようになります。国内の生乳生産はおよそ八五〇万トン、加工乳、乳飲料を含む飲用乳はおよそ五〇〇万トンで生乳の約六〇％を占め、乳製品用の生乳は約三五〇万トンです。乳製品は生乳生産量の約四〇％を消費し、主に北海道で作られます。国内で生産量の多い乳製品はおよそ、脱脂粉乳が二〇万トン、バター九万トン、クリーム七万トン、チーズ三・五万トン、れん乳三・五万トン、アイスクリーム一一万キロリットルです。

国産品が不足する乳製品は主に、チーズ（輸入一九万トン）と脱脂粉乳（輸入四万～五万トン）で、チーズ輸入は毎年増加しています。これらの二品目の輸入が多い理由は、原料乳価格が諸外国の二倍以上と高価であり、内外価格差が非常に大きいことが考えられます。また日本のバター消費が少なく、その副産物である脱脂粉乳が不足するためです。

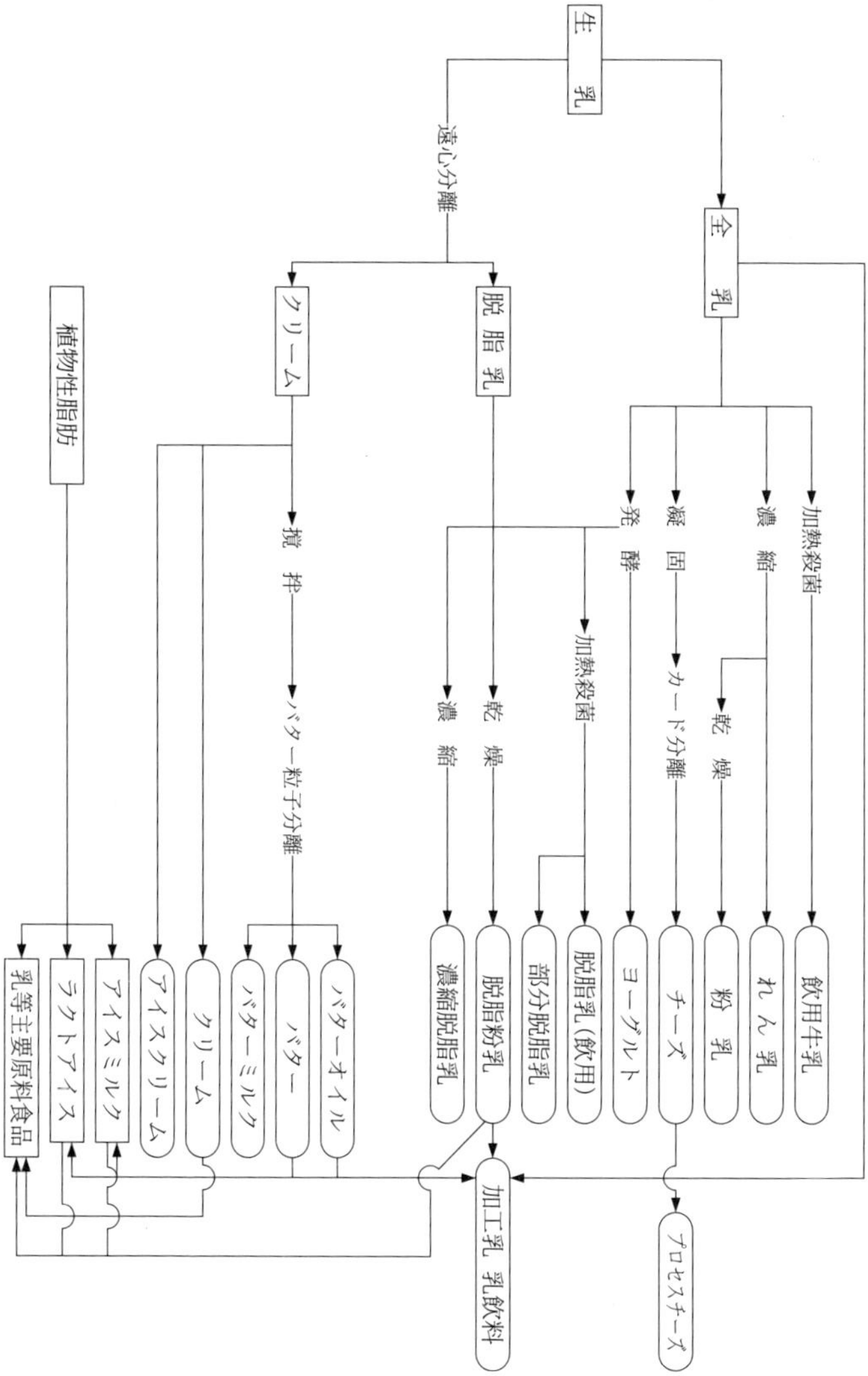

図4.4　乳類と乳製品の系統図

(1) 牛乳類の種類と内容

日本の牛乳類に関しては、厚生労働省の省令（乳等省令）によって、牛乳類の分類が定められ、牛乳、脱脂乳、部分脱脂乳、加工乳、乳飲料に区分されます。それぞれには、原料から製品までの規格や、製造と流通方法が定められています。店では色々な表示がなされた牛乳類を売っています。外見も味にも大きな差がないので、皆同じように見えますが、内容はかなり異なります。さらに業界団体で取り決めた公正競争規約があり、法的に定められたこと以外の遵守事項があります。

二〇〇〇年の雪印事件を受けて、加工乳、乳飲料など、消費者に理解しにくい表示の見直しが行われました。牛乳の公正取引協議会で表示規約の改正案が作られ、二〇〇一年七月に公正取引委員会の認定を受けました。これからは、「コーヒー牛乳」などと表示された牛乳はなくなり、「牛乳」と名がつくものは生乳が一〇〇％のものに限られることになりました。また加工乳には生乳の使用割合を、五〇％以上、五〇％以下、または使用％で明示することになりました。しかし生乳一〇〇％でなくても、一定の規定が満たされれば「〇〇乳」「△△△ミルク」の表示はできます。

牛　乳

牛乳は雌牛から搾った乳（生乳）を殺菌して、直接飲用に供するものです。規格としては、乳脂肪分は三・〇％以上、タンパク質と糖分の合計である無脂乳固形分が、八・〇％以上と定められています。牛乳では「成分無調整」という表示をよく見かけますが、これは搾った生乳をそのまま製品にしたという意味で、法律的な規定はありません。濃い牛乳と薄い牛乳を混ぜて、成分を一定に調整したものは成分調整牛乳で、海外では成分調整牛乳が普通です。日本の場合は天然イメージの強調で、製品の差別化のために付けた任意の表示が、一般化したものと思われます。

前項で触れましたが、以前は「コーヒー牛乳」など、「〇〇牛乳」と表示された製品がありました。原料の五〇％以上が生乳であれば、牛乳の表示が許されましたが、この表示は禁止されました。現在は一〇〇％のものだけが牛乳で、それ以外では「△△牛乳」の表示はできません。

脱　脂　乳

牛乳からほとんどの脂肪分を除いて、脂肪量を〇・五％以下にしたものです。牛乳からバターやクリームを作るときは、まず乳脂肪分だけを乳固形分から分離します。乳脂肪分はクリームになり、残りは脱脂乳になります。

部分脱脂乳

牛乳から脂肪分を部分的に除いて、脂肪量を〇・五～三・〇％にしたものです。低カロリーの栄養飲料として、最近は需要が増えてきました。

表 4.7　乳類の種類と規格

種類		牛乳(普通)	加工乳	乳飲料	発酵乳	乳製品*	乳酸菌飲料
成分	乳脂肪分	3.0%以上	−	−			
	無脂乳固形分	8.0%以上		−	8.0%以上	3.0%以上	3.0%未満
衛生基準	細菌数(1mL中)	5万以下		3万以下			
	大腸菌群	陰性					
乳酸菌または酵母数(1mL当たり菌数)		−			1千万以上	1千万以上	百万以上

＊発酵後に加熱殺菌したものは菌を含まず

加工乳

生乳、牛乳、クリーム、またはこれらを加工した乳製品（脱脂粉乳、バターなど）を原料にして作られた飲料で、無脂乳固形分が八・〇%以上のものです。加工乳には実に多品種の製品があります。例えば、北海道で濃縮した牛乳（濃縮牛乳）に水を加えて、元の牛乳に戻したものも加工乳ですし、脱脂粉乳とバターから作られた飲料も加工乳です。

以前は、加工乳に生乳使用の表示がなかったので、内容が不明瞭でした。今後は、生乳「五〇%以上」や「生乳五〇%未満」、または生乳〇〇%使用という表示ができます。乳脂肪分が三%以上あれば「乳」や「ミルク」と表示できますが、牛乳とは表示できません。また、乳脂肪分が〇・五〜一・五%であれば「低脂肪乳」、〇・五%以下であれば「無脂肪乳」と表示できます。これらは多少の改善と言えますが、消費者にはますます理解しにくくなりました。むしろEUのように原料%の表示を行うべきと思います。

乳飲料

生乳、牛乳、乳製品を原料にして作られた飲料で無脂乳固形分八％以上の加工乳より乳成分が少く、加工乳では無脂乳固形分が八・〇％以上含むものです。これらの中で乳脂肪分が三・〇％以上で、無脂乳固形分が八・〇％以上であれば「乳」や「ミルク」と表示できます。また無脂乳固形分が八・〇％以上で、乳脂肪分が〇・五〜一・五％のものは「低脂肪乳」と表示できます。乳固形分が三％以上あれば乳飲料になりますから、大変多くの製品があり複雑で、内容理解は困難でしょう。乳飲料も原料の％表示をすべき製品です。

発酵乳と乳酸菌飲料

発酵乳は無脂乳固形分が八・〇％以上で、牛乳や脱脂粉乳を乳酸菌か酵母で発酵させたもので、いわゆるヨーグルトのことです。乳酸菌飲料は発酵乳を原料にして加工した飲料ですが、生菌を含むものと、殺菌したものがあります。発酵乳については後の12節で、別に説明します。

ここで、主な乳類の種類と規格を一覧表（表4・7）にまとめました。また牛乳・乳製品の生産量を表4・8に示しました。

複雑な表示の改善を

右記のような複雑な規約は、生産者のためのもので、表示が消費者のためにあるという原点が忘

表 4.8　牛乳・乳製品の生産量

年度	牛乳		加糖れん乳		無糖れん乳		全粉乳		調製粉乳		バター	
	kL	前年比 %	トン	前年比 %	トン	前年比 %	トン	前年比 %	トン	前年比 %	トン	前年比 %
1995	4 256 151	97.8	43 763	96.2	1 695	95.5	29 097	97.4	39 063	80.3	83 026	109.0
1996	4 185 258	98.3	40 762	93.1	1 746	103.0	21 808	74.9	37 752	96.6	85 958	103.5
1997	4 080 946	97.5	34 754	85.3	2 118	121.4	18 378	84.3	37 146	98.4	87 618	101.9
1998	3 970 778	97.3	33 697	97.0	2 034	96.0	18 524	100.8	34 615	93.2	88 111	100.6
1999	3 883 548	97.8	34 756	103.1	1 718	84.5	18 215	98.3	34 859	100.7	89 561	101.6

年度	クリーム		チーズ 国産		チーズ 輸入		脱脂加糖れん乳		脱脂粉乳		アイスクリーム	
	トン	前年比 %	トン	前年比 %	トン	前年比 %	トン	前年比 %	トン	前年比 %	kL	前年比 %
1995	54 128	105.8	30 977	99.2	154 956	109.3	10 324	90.6	194 641	107.4	150 952	96.1
1996	65 061	120.2	33 161	107.9	163 991	105.8	8 938	86.6	200 357	102.9	149 673	99.2
1997	69 306	106.5	34 190	103.1	167 867	102.4	8 241	92.2	201 997	100.8	111 898	74.8
1998	72 928	105.2	34 920	102.1	176 862	105.4	7 557	91.7	198 088	98.1	109 369	97.7
1999	72 379	99.2	36 514	104.6	184 543	104.3	5 982	79.2	196 556	99.2	116 126	106.2

(出典：農林水産省統計情報部)

れられています。ＥＣで行われた肉製品、乳製品の原料％表示にすれば、だれにでも内容が簡単に理解できます。

(2) クリーム

クリームは生乳、牛乳から乳脂肪分以外の成分を除いて、牛乳の三～四％の乳脂肪分を一八％以上にしたものです。乳脂肪の濃厚化には遠心分離機を用います。除かれた成分は脱脂乳です。コーヒー・紅茶に使うクリームは乳脂肪分が少なく、ケーキや料理に使うものは乳脂肪分を多く含みます。クリームの乳脂肪分の最高は五五％程度ですが、ケーキ用には一般に四〇～四五％のものが流通しています。クリームは乳脂肪が多いほど、ホイップが容易になりますが、五〇％を超えると空気の抱き込みが少なく、重い感じになります。

脂肪の熱量は一グラムで九キロカロリーと高いので、クリームは脂肪率に応じて高カロリー食品になります。脂肪率四五％のクリームは一〇〇グラム当たり四三三キロカロリーです。クリームはバターと同様にビタミンＡに富む栄養食品です。バターは、牛乳を濃厚化したクリームから作られます。

クリームの殺菌は牛乳と同様で、高温短時間殺菌（パスツリゼーション）と、ＵＨＴ滅菌が行われます。特に常温で流通するコーヒークリームは、ＵＨＴ滅菌されています。クリームは牛乳より殺菌しにくいので、加熱条件は牛乳よりやや強くなります。衛生的な規格は、細菌数が一ミリリットル当たり一〇万以下、大腸菌群陰性と定められています。

クリームの消費は近年増加しており、年間７万トン強が生産されます。洋菓子類には、チョコレートなどと共に、クリームが多量に使われます。クリームのさわやかな口溶けと風味は、洋菓子に欠かすことができません。クリーム類には、植物性油脂と脱脂乳または脱脂粉乳から、人工的に作られるものがあります。これらは天然のクリームと種々の比率で混合され、コンパウンドクリームとして販売されます。この種のクリームは、乳等主要原料食品に分類されます。

乳等を主要原料とする食品

牛乳成分を主な原料として、牛乳以外の食品原料も使用している食品です。例えば、植物油脂を原料の一部に用いたクリーム類などがこれに属します。クリーム以外にも多くの製品があり、この種の製品には乳脂肪分〇〇%、植物性脂肪分ＸＸ%、無脂乳固形分＊＊%などと表示されています。クリーム類似品の乳等主要原料食品の衛生規格は、クリームと同じです。

10　バター

もっとバターを（バター消費の少ない日本）

バターは世界での生産量からみて主要な乳製品の一つです。しかし、世界のバター生産量は約六六〇万トンですが、日本の生産は八〜九万トン程度にすぎません。また、最近の国民一人当たりの年間消費量は六七〇グラムで、一日に一・八グラムと極めて少量です。この量は、アメリカの三分の一、フランスの十分の一程度です。アメリカではコレステロールを極端に避ける傾向があり、植物性のソフトマーガリンの消費が伸びているようです。これはアメリカ人の飽和脂肪の摂りすぎに原因があります。

日本では植物油や魚の消費が多く、油脂の全体量と飽和脂肪の摂取が少ないので、乳製品やバターの飽和脂肪を気にする必要はありません。乳製品のコレステロールもほとんど問題になりません。バターは一〇〇グラム中に、二一〇ミリグラム（卵一個分）のコレステロールを含みます。そこで、一日一〇グラムのバターで二一ミリグラムのコレステロール摂取になります。一〇グラムのバターは、トースト一枚にたっぷりぬった量になります。日本は途上国を除くと、世界中で最もバター消費が少ない国です。バターは大変美味で健康効果のある食材ですから、日本では、もっと消費されても良い食品と思われます。

バターの製造

バター製造の最初はクリーム製造と同じです。遠心分離機で牛乳の脂肪分を濃縮し、クリームにしますが、このとき大量の脱脂乳ができます。クリームを殺菌した後冷却して熟成し、乳脂の結晶を十分に成長させます。クリームを撹拌すると、ホイップクリームができますが、そのまま続ける

表4.9　家庭用バターの栄養成分

エネルギー	745kcal	カリウム	28mg
タンパク質	0.6g	マグネシウム	2mg
脂　質	81.0g	ビタミンA*	520μg
炭水化物	0.2g	ビタミンE	1.5mg
カルシウム	15mg	ビタミンD	1mg
ナトリウム	750mg	コレステロール	210mg

*ビタミンAはレチノール当量で示す（五訂食品成分表より）

と泡が消え、やがて水溶液とバター粒が現れます。バター粒子だけを集めて水洗し、練り合わせたものがバターで、水溶液はバターミルクです。加塩バターは練りの工程で食塩を加えます。また発酵バターは熟成の工程で乳酸菌を作用させます。バターミルクは乾燥して食品原料に利用します。このようにしてできたバターは、油脂中に細かく分散した水分を一六〜一七％含みます。一箱二〇〇グラムのバターを作るのに、四・八リットルの牛乳が必要で、無脂乳固形分を約八％含む脱脂乳とバターミルクが四・六リットル発生します。

バターの規格と栄養価、食品加工原料としての利用

バターの成分規格は、乳脂肪分八〇％以上、水分一七％以下、大腸菌群陰性と定められています。

家庭用の加塩バター一〇〇グラム中の栄養成分は表4・9のとおりです。

ここで注目すべきことは、バターのビタミンAの含有量が、天然油脂中で最高だということです。また乳脂を構成する脂肪酸は、非常に消化の良い長さが短いものが多いことも特徴です。さらに乳脂は、乳ガンその他のガンを防止し、種々の健康効果が期待されている共役リノール酸（CLA）を最大で一・八％含みます。

家庭用としては、ソフトマーガリンよりパンに塗りにくいのが欠点ですが、食品原料としてバターが優れている点は、まずその風味です。バターで作ったクッキーやパウンドケーキの味は、マーガリンでは出せません。また、バターの持つ伸びの性質は大変優れており、パイやペーストリーへの練り込みでは、バターに優る油脂はありません。日本では、バターがマーガリンより大変高価ですが、乳業国では価格に大差はありません。

11　チ　ー　ズ

チーズは世界的にみて最も多く生産されている乳製品です。牛乳はすぐ腐敗しまいますが、チーズに加工すると、保存期間が大幅に延長されるためです。またチーズは大変美味であり、優良なタンパク質とカルシウムを多量に含む栄養食品です。チーズの起源は中央アジアで、紀元前数千年にさかのぼるとされ、現在生産されているヨーロッパ系のチーズは、千年程度前から続いているとされます。

チーズの世界生産量は徐々に増加しており、一九九四年は一四八八万トン、一九九七年に一五〇八万トン、一九九九年に一五三八万トンでした。二〇〇〇年の一人当たりの年間消費量は、フランス：二五キログラム、ドイツ：二一キログラム、イタリア：二二キログラム、アメリカ：一五キログラム、日本：一・九キログラムでした。日本では、チーズ輸入の自由化以降、チーズの消費は毎

させ乳酸を作り、またこの乳酸発酵で味や匂いをつけ加えます。乳酸は次の工程のレンネット（凝乳酵素）の凝固作用を助けます。レンネットは牛乳カゼインの一部を分解し、カゼインタンパク質を凝固させる働きがあります。チーズは乳酸菌や酵素の働きで凝固したカゼインと、カゼインに包まれた乳脂肪球を含みます。

スターターには多くの種類があり、どれを使うかによって乳製品の風味が異なってきます。乳酸菌による酸とレンネットの作用で、カゼインタンパク質が凝集して豆腐によく似た「カード」ができます。カードは水を含んだタンパク質の凝集物（ゲル）です。カードを切って小さくすると、ホエータンパク質と乳糖が溶けた水溶液「ホエー」が分離し、カードは粒になって沈みます。ホエーを分離したカードを集めたものがフレッシュチーズです。

熟成させるチーズでは、布袋に入れたカードを円盤状などに圧縮成型してホエーを除き、食塩を加えて水抜きします。ここまでの現象は、豆腐を細分すると水が分離しやすくなり、さらに重しをかけて圧縮するほど、固い木綿豆腐ができるのに似ています。水抜きした固まりを熟成させたものがチーズです。カビを熟成に用いる場合は熟成前に加えます。細菌による熟成は自然に入り込んだ菌の作用で進みます。熟成は低温の地下室などで行われ、熟成の時間は硬質チーズでは長く、数年に及ぶものがあります。熟成中の細菌やカビの酵素作用で、チーズに独特の風味や組織、形態が加わります。

プロセスチーズの製造

プロセスチーズは、ゴーダ、チェダーなどのナチュラルチーズを原料にして製造されます。原料にリン酸塩、クエン酸塩などを溶融剤として加え、八〇℃以上に加熱して溶融して練り合わせてから、適当に成型して製品にします。チーズ生産国では、プロセスチーズ製品はあまり消費されません。日本では以前、チーズといえばプロセスチーズでしたが、今日ではナチュラルチーズの直接消費が半分を超えています。

チーズ類には**チーズフード**と表示された製品があります。これはチーズの類似品で、原料としてチーズを五一％以上含むものです。プロセスチーズとほぼ同じ工程で作られ、本物と見分けがつきにくい製品もあります。チーズフードは欧米では、チーズアナログと呼ばれてチーズと区別され、ピザなどの加工食品に用いられます。

12　発酵乳（ヨーグルトなど）と乳酸菌飲料

最も代表的な発酵乳は、ヨーグルトです。最近は発酵乳への健康効果の期待から、世界的にヨーグルトの消費が増加しています。発酵乳は牛乳に乳酸菌類を加えて、牛乳に含まれる乳糖を発酵させたもので、このため乳糖は三分の二程度に減少します。厚生労働省は発酵乳を「乳等を乳酸菌または酵母で発酵させたもの」とし、規格は無脂乳固形分八％以上、乳酸菌などの菌数がミリリットル当たり一千万個以上と定めています。乳酸菌飲料は発酵乳に類似しますが、無脂乳固形分が三％以上で、菌数は発酵乳と同じです。「カルピス®」のように殺菌したものも、乳酸菌飲料に属しますが、菌数に法令の規定はありません。

日本の発酵乳は、毎年数％から10％程度の伸びを続けており、二〇〇〇年には八三・一万キロリットル（国民一人当たり六・五リットル）になっています。一方、乳酸菌飲料はわずかに減少傾向であり、二〇〇〇年は五四万キロリットルでした。

発酵乳の製造法

世界の発酵乳は、牛のほかに馬、山羊、羊の乳を発酵させたものですが、日本では牛乳、脱脂粉乳、脱脂乳を原料に用います。製造法は、原料を水に溶解混合して温度を五〇～六〇℃にします。固体状をしたハード型の製品では寒天やゼラチンを加え、加糖品では八～一〇％の糖類を加えます。混合液をホモジナイザーで均質化し、殺菌してから、スターター（乳酸菌の培養液）を添加します。ハード型は容器に小分けして発酵させ、ソフト型はタンク内で発酵させた後、タンパク質が凝集してできる固まり（カード）を壊して充填します。

スターターはヨーグルトの酸や風味に影響するため、その選択は製品作りで最も重要な問題です。ヨーグルトの国際規格では、乳酸桿菌ブルガリカス菌と連鎖球菌のサーモフィラス菌を用いて、発酵させることになっています。日本では発酵乳全体をヨーグルトと呼ぶので、スターターに、ビフイズス菌やアシドフィラス菌を用いたものがあります。

ヨーグルトの健康効果について、多くの研究がなされました。未だに色々な議論がありますが、臨床試験による証拠が次第に蓄積されつつあります。最近大変注目されている発酵乳は、プロバイオティクスと呼ばれ、生きた乳酸菌が大腸に到達して健康効果を示すものです。これらの健康効果については、第5章で詳しく述べます。

日本のヨーグルトの無脂乳固形分は、八〜一〇%程度と低めです。欧米のヨーグルトでは、しっかりしたボディを作るために、牛乳に無脂乳固形分を追加して一五%程度にします。乳酸菌の作用で乳糖が分解され二〇〜三〇%が乳酸に変わり、タンパク質の一部はアミノ酸になり、ビタミンも増加して、乳の消化性が高まります。牛乳を飲むと胃の中で固まりができますが、胃に入ったヨーグルトは牛乳の凝集体よりずっと細かくなり、面積が増えるために消化酵素の働きが容易になります。しかも、ヨーグルトは粘度が高いために、牛乳より長時間胃の中に保たれます。このために乳糖不耐性が緩和されるとされます。

13　アイスクリーム

アイスクリームは乳製品というよりは、むしろ菓子やデザートに近く、非常に多様な製品が販売されています。一見してアイスクリームと区別しにくい製品に、アイスミルクとラクトアイスがあ

表4.10　アイスクリーム類の成分規格

	アイスクリーム	アイスミルク	ラクトアイス
乳固形分	＞15％	＞10％	＞3％
乳脂肪分	＞8％	＞3％	－
大腸菌群	陰　性	陰　性	陰　性
細菌数/g	10万以下	5万以下	5万以下

表4.11　アイスクリーム類のミックス組成（重量％）

成　　分	範　　囲	原　料　品　種
乳　　脂	8～12	クリーム、バター
植物脂肪	3～10	やし油、パーム核油、それらの硬化油など
無脂乳固形分	8～12	脱脂粉乳、全粉乳、無糖れん乳、加糖れん乳、脱脂加糖れん乳、ホエーなど
ショ糖	9～12	ショ糖、ブドウ糖、粉末水あめなど
液糖(固形分)	4～6	ショ糖、ショ糖／ブドウ糖、異性化糖など
安定剤／乳化剤	0～0.5	ゼラチン、植物性ガム、CMCなど、モノグリセリドなど
固形分合計	36～45	
水	55～64	

ります。これらをまとめてアイスクリーム類といいます。アイスクリーム類の規格を表4・10、組成を表4・11に示しました。乳脂肪に関しては、アイスクリームが八％以上、アイスミルクは三％以上、ラクトアイスは無乳脂でよいことになっています。乳固形分はそれぞれ、一五％、一〇％、三％以上です。脂肪が少ない製品は、アイスクリームらしさがなくなりますので、植物性油脂を加えてあります。乳脂を別にすると、アイスクリーム類の成分組成には、大きな差はありません。油脂を含まない製品は氷菓と呼びます。

アイスクリーム類の販売量は、二〇〇〇年に五七万キロリットルで、過去一〇年間に一〇％程度減少しました。

それでも国民一人当たり四・六キロリットルですから、他の乳製品に比べれば、世界的にそれほど少ない量ではありません。この中で、アイスクリーム販売量は、二〇〇〇年に一七・七万キロリットルで、十年間に四分の三に減りました。風味別ではバニラ系が最も多く、以下チョコレート、フルーツ系の順で、最近はナッツ入りが増加しています。

アイスクリームの製造法

本来のアイスクリームは、砂糖と卵黄を加えた薄目のクリームを、攪拌して凍らせたものです。現在のアイスクリームの一般的な製造法は、表4・11に示した原料を加熱混合して、ミックス液を作ります。これをホモジナイザー（均質機）で処理して、細かい脂肪を含んだ乳化液（糖分の入った脂肪の多い牛乳状の液）にします。この乳化液を加熱して殺菌し、冷却したものを一晩低温で熟成させ、起泡を容易にします。ミックス液をアイスクリームフリーザーで、攪拌しながら気泡を抱き込ませ、凍らせたものがソフトクリームです。ソフトクリームの温度はマイナス六℃程度ですから、すぐに溶けだします。ナッツや果肉はソフトクリームに添加します。ソフトクリームを型に入れたり、カップに詰めてさらにマイナス三〇℃に急速冷凍すると、普通のアイスクリームができます。

14　その他の乳製品

以上の乳製品は家庭でもよく用いられるものですが、この他に主に業務用として用いられる乳製品に、脱脂粉乳、全粉乳、全脂加糖れん乳、全脂無糖れん乳、脱脂加糖れん乳、調整粉乳がありま す。また育児粉乳も乳製品に分類されます。これらの内で消費者に馴染みのあるものは、脱脂粉乳と全脂加糖れん乳です。表4・8にも示しましたが、脱脂粉乳は年間二〇万トン程度、全脂加糖れん乳と調製粉乳はそれぞれ約三・五万トン、全粉乳約一・八万トンの生産があります。なお、脱脂粉乳は年による変動がありますが年間五・五万トン程度が輸入されています。

第5章　牛乳・乳製品と健康

1　心臓血管病

(1)　脂質類（油脂とその類縁物）と心臓血管病

心臓病と脳卒中は死亡率の高い生活習慣病です。心臓病による死亡率は毎年増加し、かつては日本人の最大の死因であった脳卒中とほぼ同程度になっています。心臓病による死亡率は現在第一位のガンに次いで第二位であり、三位の脳卒中と合わせて、一九九八年にはこれらの病気で約二九万人の命が失われました。

心臓血管病には、遺伝や環境など多くの原因がありますが、喫煙、高血圧、血中コレステロール（特に低密度リポタンパク質（ＬＤＬ）濃度）が、最も重大なリスク因子です（リスクという言葉は、危険や危害の恐れを意味します）。次いで、糖尿病、運動不足、高密度リポタンパク質（ＨＤＬ）濃度不足、血中中性脂質濃度、肥満が影響します。これらのリスク因子は、バランスのある食生活と運動などを生活に取り入れることで、ある程度改善することができます。特に注意すべきことは、血中コレステロール濃度をデシリットル当たりで、二〇〇ミリグラム程度に保つことです。二四〇ミリグラム以上は要治療とされていますが、高齢者では二四〇以上あってもよいとする説もあり、血圧が正常で健康人であればあまり問題ないようです。

コレステロールは、血中のリポタンパク質によって運ばれます。リポタンパク質を大まかに分類すると、密度（比重）の低い低密度リポタンパク質（LDL）と、密度の高い高密度リポタンパク質（HDL）があります。LDLは血管を通じて肝臓からコレステロールを身体の組織に供給し（悪玉）、HDLはコレステロールを組織から肝臓へ集めててくる作用があります（善玉）。そこで、LDLが少なくHDLが多ければ、心臓血管病のリスクが少ないといえます。

しかし、コレステロールは少なければよいというものではありません。コレステロールは身体を構成する重要な成分で、体重の〇・二%を占めています。そして、細胞膜、神経、筋肉にそれぞれ三分の一づつが含まれます。コレステロールからは、消化に重要な胆汁酸、ビタミンD、ホルモン類が作られます。血中コレステロール濃度がデシリットル当たり、一六〇〜一八〇ミリグラム以下になると、ガンや脳出血、呼吸器病による死亡率が高まり、また元気がなくなって抑うつ症や自殺の原因になります。高齢者のガン予防には二五〇〜二六〇ミリグラムが適当ともされます。

大人ではコレステロール摂取が、一日三〇〇ミリグラム以下（鶏卵で1個半）がよいとされます。そして一〇〇ミリグラムのコレステロールを摂取すると、血中濃度が二・三ミリグラム程度増加します。しかし、健康な人では、コレステロールを沢山摂っても、肝臓でのコレステロール合成が減り、血中の濃度は一定に保たれます。注意しなければならないのは血中コレステロール濃度への影響は、食べたコレステロールよりも、摂取脂肪（酸）の種類、つまり不飽和脂肪酸と飽和脂肪酸の比率の方がはるかに大きいということです。血中のＬＤＬコレステロールを高める作用のある飽和脂肪酸は、ミリスチン酸、パルミチン酸、ラウリン酸（ミリスチン酸とラウリン酸はヤシ油に多い脂肪酸）です。

脂肪の摂りすぎは、肥満、ガン、心臓血管病のリスクを増します。日本では、脂肪から摂るエネルギーを、食事全体のカロリーの二五％以下、一五％以上にすることが奨められています。そして、リノール酸やリノレン酸などの多価不飽和脂肪酸（Ｐ）、一価不飽和脂肪酸（Ｍ）、飽和脂肪酸（Ｓ）の比率を、三：四：三にすると良いとされます。心臓血管病の死亡率が深刻なアメリカでは、全カロリー摂取に対し油脂から摂るエネルギーを三〇％以下、飽和脂肪酸を摂取カロリーの七％以下にすることが奨められています。心臓病に影響する因子は多くありますが、飽和脂肪酸とコレステロールが少ない食事が、この病気のリスクを低めるといえるでしょう。

バターは、ＬＤＬコレステロール（悪玉）を高める飽和脂肪酸（ラウリン酸、のミリスチン酸、パルミチン酸など）を五〇％以上含み、コレステロールも〇・二〜〇・二五％と多めです。そこで一日五〇グラム以上のバター摂取は避けるべきです。

エネルギーの一日所要量が二〇〇〇キロカロリーの人を例に、油脂類の摂取を考えて見ます。エネルギーを食用油脂で一グラム当たり九・三キロカロリー、バター一グラム当たり七・四五キロカロリーとします。この人の推奨油脂摂取量は食事全体のカロリーの二五%とすると、食用油脂で(2000 × 0.25 / 9.3 ＝ 54)五四グラム以下、バターで(2000 × 0.25 / 7.45 ＝ 67)六七グラム以下になります。五四グラムのP：M：Sの内訳が理想の比率の三：四：三であったと仮定すると、その量はそれぞれ、一六：二二：一六グラムになり、エネルギー量では約一五〇：二〇〇：一五〇キロカロリーになります。一六グラムの飽和脂肪酸（S）をバターだけから摂るとすると(150(キロカロリー) / 7.45(キロカロリー) / 50%(バターに含まれる飽和脂肪酸の%) ＝ 40)四〇グラムになります。

単純計算では、四〇グラムがバターの一日摂取の上限になります。四〇グラムのバターには、コレステロールが約一〇〇ミリグラム含まれます。人は飽和脂肪酸を含む肉も食べますし、食品中の種々の油脂を食べます。表5・1によく食べられる食品中の油脂組成を示しました。

それでも心臓血管病を気にされ乳脂を避けたいのであれば、代替として脱脂乳や低脂肪の乳製品があります。しかし、牛、豚、鶏など肉類も飽和脂肪酸を多く含み、コレステロールも〇・〇五〜〇・一%と多めです。魚介類もかなり多くのコレステロールを含み、特にイカや貝類などは〇・一〜〇・三%を含みます。鶏卵などは〇・五%程度で卵黄は一・三%に達します。

日本では肉類や魚類を一日数百グラム（コレステロールで数百ミリグラム）食べることはあっても、バターを四〇グラム以上も食べることはまれで、多くてもせいぜい三〇グラム程度です。コレステロールは牛乳二〇〇ミリリットルに二二ミリグラム、チーズ一〇〇グラムに八〇〜一〇〇ミリグラ

表 5.1　主な油脂の脂肪酸組成(全体に対する重量%)

	飽和脂肪酸(S)				多価不飽和脂肪酸(P)				
炭素数：不飽和結合	4~14:0	16：0	18：0	18：1	18：2	20：4	18：3	20：5	22：6
脂肪酸の名称		パルミチン	ステアリン	オレイン	リノール	アラキドン	リノレン	EPA	DHA
油脂の種類					*n*-6	*n*-6	*n*-3	*n*-3	*n*-3
母　　乳	15	24	6	25	15		2	0.5	1.5
牛　　乳	25	30	12	25	2		1		
牛　　脂	4	28	25	35	2				
豚　　脂	2	25	12	45	10	0.4	0.1		
鶏　　油	1	23	2	42	19	11	1.3		
マイワシ*	8	17	2	13	3	2	1	17	13
サ　　ケ*	6	16	4	17	1	2	0.3	9	20
キハダマグロ*	2	22	7	16	2	4	1	6	27
カノーラ(なたね)油		4	2	64	19		9		
大 豆 油		11	4	23	52		8		
パーム油	1	45	5	39	9		0.3		
綿 実 油	1	25	2	18	53		0.3		
コーン油		12	2	28	57		1		
サフラワー油		6	2	13	78				
ひまわり油	1	7	5	19	68		0.5		
こ め 油	1	16	2	44	34		1		
や し 油	80	8	3	7	1				
カカオ脂(チョコ)		26	36	36	3				

＊魚肉中の油脂の脂肪酸組成。食用油脂、p.165（幸書房）2000。

ムです。他の動物性食品と比べてみても、牛乳・乳製品の心臓血管病に対する影響は、摂りすぎない限り問題ありません。

(2)　牛乳・乳製品からの脂肪とコレステロールの摂取

表5・2は、世界主要国の牛乳生産と、牛乳・乳製品消費を比較したものです。日本人の飲用牛乳消費は他の先進国の四〇%程度で、チーズやバター消費は十分の一程度と桁違いの少なさです。

表 5.2 主要国の牛乳生産、飲用乳・乳製品年間消費量比較(2000年)

国　　名	牛乳生産 (千トン)	飲 用 乳 (kg/人)	チ ー ズ (kg/人)	バ タ ー (kg/人)
日　　本	8 417	**39**	**1.9**	**0.7**
アメリカ	76 050	**91**	**15.3**	**2.2**
ニュージーランド	12 500	99	7.3	7.0
オーストラリア	11 100	109	11.4	3.1
ド イ ツ	28 332	90	21.2	6.6
フランス	24 874	94	25.4	8.3
オランダ	11 155	127	17.3	3.3
イギリス	14 472	115	9.6	3.5

日本乳業年鑑2002年版

日本に比べてアメリカでは、飲用乳が二・三倍、チーズは八倍、バターは三・一倍の消費があります。アメリカではバターを除くと、全体の脂質消費に対する牛乳・乳製品由来の割合は、脂肪で一二%、飽和脂肪酸は二四%、コレステロールは一六%です。日本の場合は、どれをとっても五%以下です。牛乳・乳製品はビタミン、ミネラルをはじめ、特に子供から青年までの成長期に欠かせない栄養素の、大変重要な供給源です。特にチーズは欧米各国の子供から老人まで、栄養源として欠かせません。

乳脂の脂肪酸と心臓血管病

牛乳脂肪を構成する脂肪酸は、平均的に見ると表5・3の組成になっています。乳脂の特徴は、水に溶ける酪酸とカプロン酸が五%程度で、飽和脂肪酸が五七%と多いことと、リノール酸やリノレン酸の多価不飽和脂肪酸が四%と少ないことです。

これらの脂肪酸が、血中コレステロール濃度に及ぼす影響を図5・1に示しました。この図は、摂取エネルギーに対して、各脂肪酸のエネルギー量を一%増やした場合の、全（総）コレステロール、LDL、HDLコレステロールの増減を示します。コレステロールの増加ではミリスチン酸（ヤシ油とパーム核油に多い）の影響が最大ですが、同じ飽和脂肪酸のステアリン酸にはコレステロール低下効果があります。リノール酸、リノレン酸には、LDLと全コレステロールを減らし、HDLコレステロールを増加させる作用が認められます。なお、カプリン酸以下の分子量の小さい脂肪酸は、コレステロール増加に影響がありません。

オレイン酸は動植物油に多く含まれますが、血中LDLコレステロールをやや下げる効果があり、HDLコレステロールを増やします。カノーラなたね油に多いリノレン酸と、魚油に多いEPA、DHAなどの多価不飽和脂肪酸は、血中コレステロールと中性脂肪を減らし、また血栓を予防します。マーガリンやショートニングには、トランスオレイン酸が含まれますが、この脂肪酸も心臓病のリスク因子とされます。欧米ではこの脂

表5.3　乳脂の脂肪酸組成

脂肪酸（炭素原子数：不飽和度）		%
酪　酸	$C_{4:0}$	3
カプロン酸	$C_{6:0}$	2
カプリル酸	$C_{8:0}$	1
カプリン酸	$C_{10:0}$	3
ラウリン酸	$C_{12:0}$	4
ミリスチン酸	$C_{14:0}$	12
パルミチン酸	$C_{16:0}$	26
ステアリン酸	$C_{18:0}$	11
飽和脂肪酸（S）		**57**
ミリストレイン酸	$C_{14:1}$	1
パルミトオレイン酸	$C_{16:1}$	3
オレイン酸	$C_{18:1}$	28
一価不飽和脂肪酸（M）		**32**
その他脂肪酸		3
リノール酸	$C_{18:2}$	2
リノレン酸	$C_{18:3}$	1
多価不飽和脂肪酸（P）		**3**

S／M／P比　＝　1：0.56：0.5

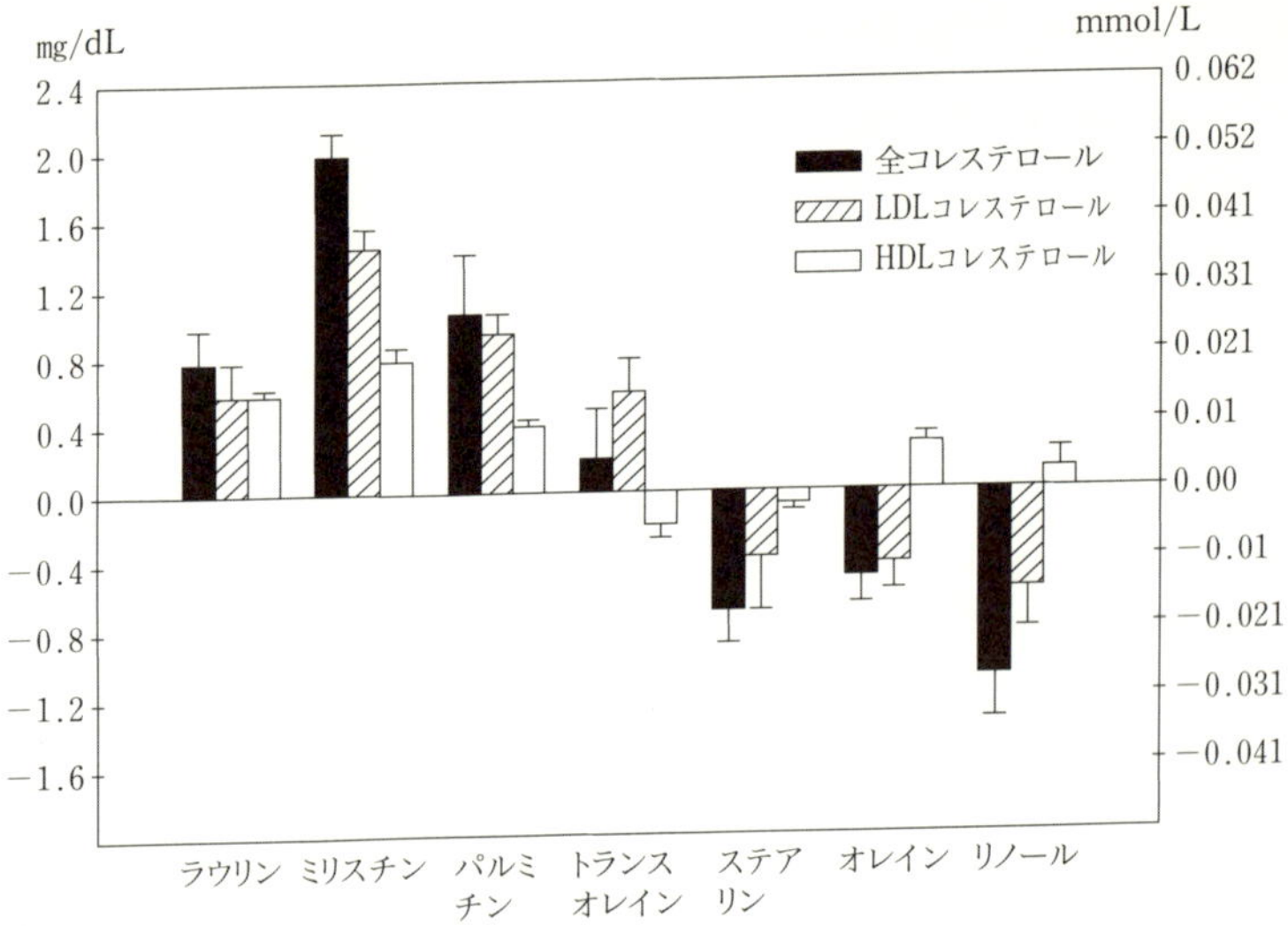

図5.1　個々の脂肪酸のエネルギーを1％増やした場合のコレステロール変化(mg／dl)
(出典：P. M. Kivs-Ethenton. S. Yu, *Am. J. Clin. Nutr.*, **65**, 1628, (1997))

肪酸の摂取が多いのですが、日本では少ないため実害はないと見られます。

抗ガン性や心臓病予防などで注目されている乳脂の成分に、共役リノール酸(CLA)という脂肪酸があります(これについては後に述べます)。さらに牛乳には、スフィンゴ脂質というレシチンに似た物質が含まれ、この脂質にもコレステロールの低下作用があります。これらの脂質類の作用で、牛乳・乳製品を食べても、飽和脂肪酸による血中コレステロール増加が起こり難いとされます。

脂肪(油脂)**とコレステロールの摂取量**

血中脂質やリポタンパク質の濃度に関係する因子に、摂取する油脂量があります。油脂の摂取量を全エネルギーの四〇

％から三〇％以下にするだけで、コレステロールは一五ミリグラム程度低下します。これを一〇％以下にすると、大幅な血中脂質の減少が起こります。一方、油脂の代わりに炭水化物を摂ることでは、心臓病のリスクはほとんど減りません。それは多量の炭水化物によって、ＬＤＬと共にＨＤＬコレステロール濃度が減ってしまうためです。炭水化物を増やすよりは、リノレン酸などの、多価不飽和脂肪酸の摂取を増やす方がはるかに効果的なことが、図５・１から理解できましょう。油脂からのエネルギー摂取を全エネルギーの一五％以下にすると、栄養不良など種々の害作用が起こります。

前にも述べたように、コレステロールの摂取量よりも、ミリスチン酸やパルミチン酸など飽和脂肪酸の方が、はるかに血中コレステロール濃度に影響します。一〇〇ミリグラムのコレステロール摂取で、血中コレステロール濃度は平均でデシリットル当たり二・三ミリグラムしか増えません。しかし、コレステロール濃度が上がりやすい人もいますので、高脂血症の人は、コレステロール摂取を控えめにすべきです。

タンパク質（カゼイン）摂取

牛乳にはタンパク質が三％程度含まれ、その八〇％がカゼインです。血中コレステロール濃度について、カゼインを摂ると高まり、大豆タンパク質は低下させるか影響がないとされたことがありました。例えば一日に、食事からコレステロールを五〇〇ミリグラム、カロリーの二〇％をカゼインから摂り続けると、ＬＤＬコレステロールが増え、ＨＤＬコレステロールが減ります。しかしコレステロール摂取量を減らすと、結果は大豆タンパク質と同様になることが分かりました。さらに、コレステロール摂取が多い場合、大豆タンパク質と乳タンパク質を半々で併用すると、問題がなくなることが分かりました。

ビタミンＤと葉酸

ビタミンＤには構造がわずかに異なる六種類のものがあり、生理活性作用の強いものはD_2とD_3で、食品には主にD_3が含まれています。ビタミンＤは、その元になる物質から日光の作用で作られます。ビタミンＤの作用は、小腸でカルシウムとリンの吸収を促進し、腎臓からのカルシウムとリンの排泄を防ぎ、骨の形成を促進します。ビタミンＤは、植物性食品では乾したシイタケやキクラゲ以外には含まれず、魚介類には多く含まれます。しかし、肉や牛乳にはあまり多く含まれません。このため魚介類消費の少ないアメリカなどでは、大部分の牛乳にビタミンＤを添加しています。日本の牛乳には添加物が許されませんので、加工乳や乳飲料でないとビタミン類の強化はできません。

ビタミンＤが不足すると、子供ではくる病の原因になりますし、心臓が肥大したり、心臓血管機能が衰えます。ビタミンＤの不足は、心筋梗塞など心臓血管病のリスクを増加させます。魚介類摂取の多い日本では、ビタミンＤ不足は少ないのですが、魚嫌いの人は注意が必要です。

葉酸は最近注目されているビタミンで、緑色野菜に最も多く、穀物、牛乳・乳製品に含まれます。

以前から不足すると貧血を起こすことが知られていました。葉酸は、遺伝子のＤＮＡを組み立てる成分合成に不可欠なビタミンで、欠乏すると骨髄などの造血細胞の増殖が抑えられ、貧血の原因になります。葉酸の不足は胎児の脳脊髄の発達不良を来しますので、妊娠中の女性の方は注意が必要です。成人では葉酸の摂取不足で、心臓血管病促進因子のホモシステインという物質の血液中の濃度が高まるので注意が必要です

(3) 遺伝的要素

心臓血管病の予防には、血中脂質や血圧を低下させるなど、食習慣の改善と医薬品による予防治療が行われてきました。最近は遺伝子の研究が進み、いかに遺伝的な要素が心臓血管病にとって、重大であるかが分かってきました。心臓血管病予防には、先祖、親・兄弟姉妹など家族の病歴の認識が必要です。特に青壮年の発病は遺伝的要素が最大のリスク因子とされます。

油脂やコレステロールを多めに食べ続けた影響が、血中の各種脂質濃度に現れにくい人と、現れやすい人がいます。心臓血管病を起こしやすい家系の人は、いくつかの遺伝子の作用で、善玉リポタンパク質のＨＤＬが十分できません。このような人は脂肪やコレステロールの多い食事で、発病の可能性が高まります。また悪玉リポタンパク質のＬＤＬ濃度を支配する遺伝子もあり、高いＬＤＬと低いＨＤＬで危険が高まります。このような遺伝子を持つ人は、数百人に一人の割合であるとされ、動脈硬化を起こしやすく、普通の人の三倍も心筋梗塞を起こしやすいとされます。

すでに、じゅく状（アテローム性）動脈硬化を起こす遺伝子が見つかっています。この遺伝子を持つ、二〇歳以上の男性と閉経後の女性では、じゅく状動脈硬化の原因になるＬＤＬを支配するいくつかの遺伝子の作用で、動脈硬化を起こすリスクが高まります。心臓血管病の人を家系にもつ人は、特に脂肪摂取を減らすなど、適正な生活習慣の維持が必要です。このように遺伝的な要素と食事の習慣は、心臓血管病に大きな影響があります。近い将来には、遺伝子診断によって、各個人の心臓血管病予防に有効な対策が立てられる日が来ると思われます。

しかし、だれもが一律に油脂や飽和脂肪酸の摂取を減らすべきではありません。人は年齢や性別、仕事の種類、運動、育ち盛りの幼児から少年、妊娠や授乳など、置かれている状況が様々に異なっており、それに応じて油脂などの栄養要求も個人差を含めて違っているからです。なによりも個々の人に合致した食生活が大切です。

(4) 牛乳・乳製品と心臓血管病

発酵乳の効果

アフリカのマサイ族は肉食ですが、血中コレステロール濃度が低く、心臓血管病の発病が少ない傾向があります。彼らは沢山の牛を飼っており、一日に数リットルの発酵乳を飲むものがいます。このことが、マサイ族に心臓血管病が少ない原因と考えられています。生きた乳酸菌を摂ることと、心臓血管病予防の関係が探られました。一方、発酵乳は大腸ガンなどガンの予防効果も有望で、多くの研究が行われています。ヨーグルト以外にも、脱脂乳を大量に摂ることで、コレステロール低下作用があることが分かっています。この作用にどのような物質が関与しているかは、現在のところ分かっていません。

ヨーグルトの健康効果の主因は、第一に乳酸菌が含まれること、第二はカルシウムの吸収率が高いことです。ヨーグルトには、乳糖不耐性の改善、血中コレステロール濃度の低下、腸内細菌相の改善、免疫系の賦活作用、発ガン防止などの作用が知られています。今後の課題は健康効果の確認と共に、用いられる乳酸菌類の内で、どの菌が有効であり、かつ製品中で安定で食べた後に大腸に達して、さらにどれだけ生き続けるかなどの解明です。

牛乳のコレステロールは乳脂肪膜に含まれますので、脱脂乳では含有量が減ります。また、牛乳のエネルギーの約半分が乳脂肪に由来し、乳脂肪は飽和脂肪酸が多いので、心臓血管病のリスクを高めると考えられがちです。しかし、ヨーグルトは乳脂肪を含んでいても、高脂血症を防ぐ作用があり、コレステロール吸収を抑制することが分かりました。

これらの乳製品には、体内でのコレステロール生成を防止する成分があり、また、腸内細菌の作用でコレステロールを分解し、便に排泄する効果があるとされます。このことは、高脂血症ラットに脱脂粉乳や脱脂乳製のヨーグルトを食べさせると、便中のコレステロール類の排泄量が増えることで証明されました。また乳酸菌の中には、コレステロールを消化するものもあります。特に、乳酸桿菌のアシドフィラス菌によるヨーグルトは、コレステロール低下効果が高いと見られます。

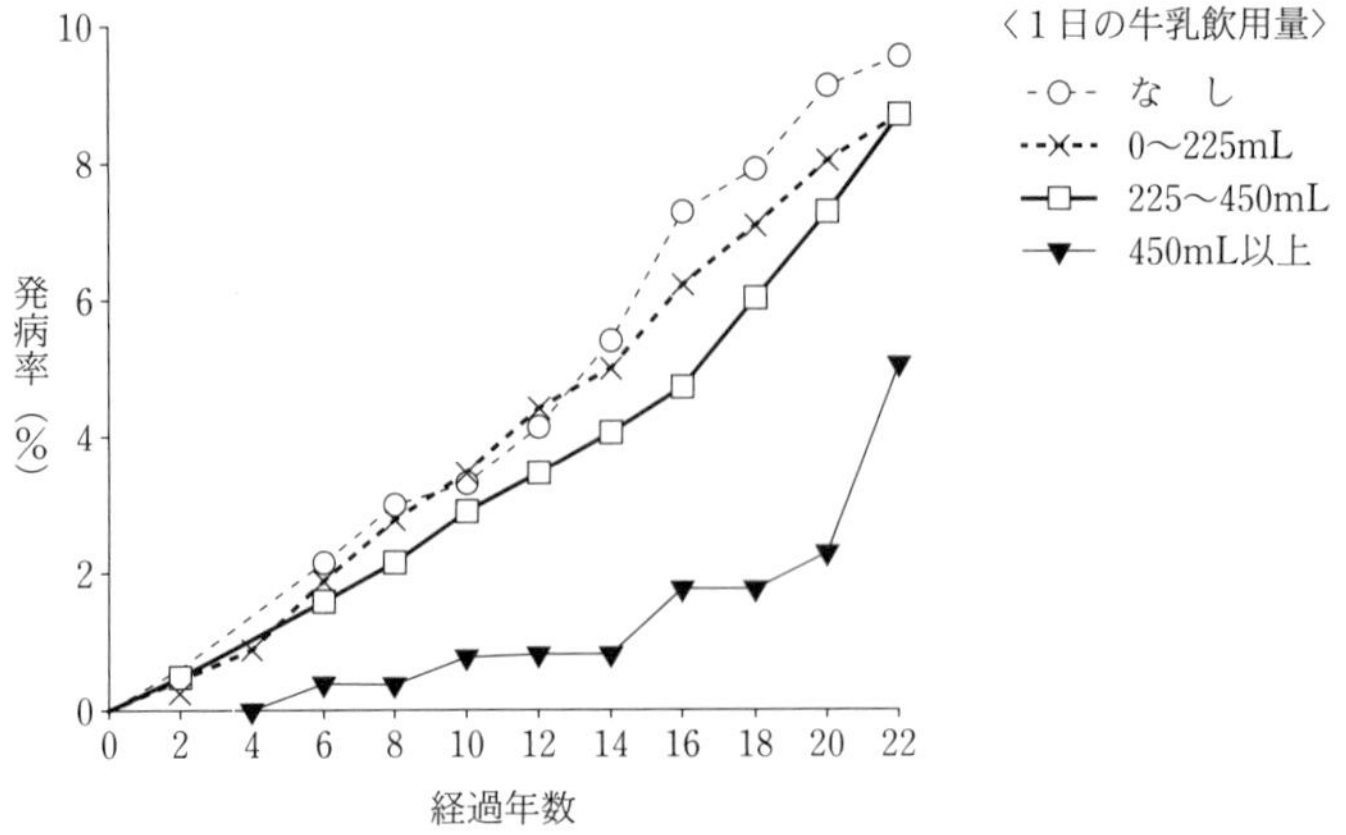

図5.2　55～68歳のホノルル日系男性3150人の牛乳飲用と脳卒中発病の22年間の追跡調査
(出典：R. D. Abbott, *et. al.*, *Stroke*, **27**, 813 (1996))

カルシウムの効果

牛乳・乳製品に多量に含まれるカルシウムにも、血中コレステロールを下げる作用が認められています。欧米では牛乳・乳製品からのカルシウム摂取が全摂取量の七〇%もありますので、この事実は重要です。

カルシウムを二〇〇〇ミリグラムと多量に摂ることで、血中LDLコレステロール濃度が十一%下がり、HDLコレステロール濃度には影響しないという結果があります。この原因は、摂られたカルシウムの一部が飽和脂肪酸と結合し、飽和脂肪酸のカルシウム塩は溶解性が低いために、小腸内で栄養として吸収されにくいためと考えられています。また、牛乳に飽和脂肪酸が多くても、その害作用が起こらない原因とも考えられています。そしてこの種の作用は、元々血中コレステロール濃度の高い人よりも、普通の人で顕著に現れます。

表5.4　主要な食品のカルシウム含有量と吸収率

	一回に食べる量（g）	カルシウム含有量（mg）	吸収率（%）	カルシウムの吸収量（mg）
牛　乳	240	300	32.1	96.3
アーモンド	28	80	21.2	17.0
豆（白）	110	113	17.0	19.2
ブロッコリー	71	35	52.6	18.4
グリーンキャベツ	75	25	64.9	16.2
カリフラワー	62	17	68.6	11.7
大　根	50	14	74.4	10.4
豆　乳	120	5	31.0	1.6
ほうれん草	90	122	5.1	6.2
豆　腐	126	258	31.0	80.0

Weaver C.M. らによるアメリカ臨床栄養学会誌 59 巻 1238 S、1994 年による

また、カルシウムには血圧を下げる作用が期待されており、牛乳中のカルシウムは心臓病以外にも、脳卒中の防止にも役立つといわれています。図5・2は、ホノルル在住の五八〜六八歳の日系人男性三一五〇人について、牛乳飲用量と血栓による卒中との関係を、二十二年間追跡調査した結果です。一日に牛乳を四五〇ミリリットル以上摂る人の発病が顕著に少なく、十四年目まで飲まない人の約五分の一になっています。同じカルシウムでも食品によって吸収率が異なります。主な食品のカルシウム含有量と吸収率を表5・4に示しました。厚生労働省は最低六〇〇ミリグラム（最大二五〇〇ミリグラム）を摂ることを奨めていますが、日本人のカルシウム摂取量は、平均で五七〇ミリグラムと推奨値を下まわっています。この事実は心臓血管病以外に、骨粗しょう症などのリスクも高くなっていることを間接的に示しています。バランスのとれた食事、体重管理、

運動に加えて牛乳を飲むことが、脳卒中の予防を含めて、骨粗しょう症の予防にもつながるといえます。

ただし、表５・４のカルシウムの吸収率については測定者によって大きな差がありますので注意が必要です。日本の測定では、牛乳、ヨーグルト、脱脂粉乳で六〇％、豆腐五〇％という数字がありますが、高すぎるようにも思われます。

⑸　低脂肪食品

先進国の政府は、心臓血管病を避けるために、脂肪（油脂）とコレステロールの摂り方を指導しています。世界的には、油脂から摂るエネルギーを全エネルギーの三〇％以下（日本では二五％以下）、飽和脂肪酸一〇％以下、コレステロールは一日に三〇〇ミリグラム以下というのが一般的です。心臓血管病の家系や、糖尿病、肥満その他の身体状況で、脂質摂取の適当量は個人差がありますす。今後は個別の栄養指導の必要性が高まるでしょう。

牛豚脂やバターなどの動物性脂肪は、コレステロールが多いので避けるべきとの考えが支配的です。しかし実際は、魚肉や鳥獣の肉自体にもコレステロールが多く含まれ、脂身の少ない肉を食べれば、コレステロール摂取が減るというわけではありません。油脂の摂取量と、飽和・不飽和などの油脂の質の問題は、人の健康にとって大変重要です。油脂の摂りすぎを避けるのは、むしろ肥満の防止や、生活習慣病の予防との関わりが大きいためです。日本人は平均で一日約六〇グラムの油脂を摂取していますが、これ以上増やさないことが必要です。

バターはコレステロールが多いので、植物性マーガリンを食べるという人がいますが、日本人のバター消費は、加工食品を含めて、平均で一・八グラム程度ですのでそれほど気にする必要はないと思います。むしろバターの栄養価を考えれば、価格は別にしても、もっと食生活を豊かにする意味で積極的に取り入れる必要があるでしょう。

一般に、全コレステロールをＨＤＬコレステロールで割った数字が低いほど、心臓血管病のリスクは減ります。そこで、油脂摂取を減らすよりは、魚などの多価不飽和脂肪酸の多い油脂の摂取を増やして（全コレステロールを減らし、ＨＤＬコレステロールを増やす働きがある）、飽和脂肪を減らす方が得策と考えられています。しかしなにごとも過ぎないのがよく、多価不飽和脂肪酸の摂りすぎは、油脂の酸化による害作用を高める恐れもありますので偏った摂取は控えるべきです。

(6)　心臓血管病を防ぐために

これまでみてきたように飽和脂肪酸（ラウリン酸、ミスチリン酸、パルミチン酸など）やコレステロールなどの食品の成分は、血中脂質濃度を高める作用があります。同じ飽和脂肪酸でもステアリン酸には、コレステロール濃度を下げる働きがあります。このように個々の作用が明らかな成分でも、全体として複雑な食品中では働きが変わることがあります。牛乳はこれらの成分を含みますが、普通の摂り方では血中コレステロール濃度を高めません。さらに乳酸菌を含む発酵乳では、コレステロール濃度の低下効果が期待されます。

心臓血管病などの生活習慣病のリスクを減らして、生活の質を向上させるために政府は種々の指針を示しています。例えば、「油脂から摂るエネルギーを全体の二五％以下にし、飽和脂肪は七％以下で、コレステロールを三〇〇ミリグラム以下にすること」を守っても、すべての人が心臓血管病を避けられるわけではありません。心臓血管病の家系の人と、そうでない人では、食事の指針が異なります。大人向けの指針は、育ち盛りの子供には当てはまりません。年齢や性別で発育に応じた栄養の指針が必要です。

また心臓血管病だけが死因ではありません。全体として健康で長寿を保つための食事とライフスタイルが大切です。心臓血管病予防の食事摂取の指針は、そのままでは健康的な寿命の延長にはなりません。低脂肪食品の常用は、心臓血管病の予防に効果がないばかりか、健康被害を起こす恐れがあります。食事のあり方は個人によって差があります。将来は遺伝子の診断で、ある程度は特定の個人に適した食生活のあり方を指導できるでしょう。しかし現在は、バランスのとれた食生活と適度の運動を心がけ、各人が自分の食生活を適宜にコントロールすることが必要です。

人には食物に対する嗜好があります。自分の好きなもだけを摂りすぎると、健康を害します。そのような場合、大体の人はその食生活を改善しようとします。あまり無理せずに食生活を改善するには工夫が大切です。バターやクリームが好きな人は牛肉や豚肉を減らした方がよいでしょう。卵が好きな人はバターや肉を減らし、肉の好きな人は脂肪の摂取を減らすことが大切です。例えば、カルシウムの量を増やすためにチーズを沢山摂る場合は、脂肪を増やさないために、肉の量を減らすという工夫が必要です。チーズの嫌いな人は、カルシウムを多く含んで、しかも吸収率のよい野菜を選ぶことも一つの方法です。

現状では日本人の牛乳・乳製品摂取は欧米と比較して、少なく、全体的な栄養バランスと、価格対栄養効果を考えれば、もっと牛乳・乳製品を摂ることが健康の増進につながるのではないでしょうか。

2　牛乳・乳製品と大腸ガンなど

(1)　大腸ガンの原因について

ガンは日本人の最大の死因である生活習慣病で、一九九八年には約二八万四千人の方がガンで亡くなりました。図5・3は、人口一〇万人当たりの死因別死亡率の変化を示しますが、ガンの増加は顕著です。この内大腸（結腸、直腸）ガンによる死亡は三万四千人強で、肺ガンの五万人と共に毎年増加しています。

ガンの原因には、遺伝的な要素と環境要素があります。ガンの環境要素は食事、喫煙、化学物質、放射線などがあり、食事が原因になる範囲はガンの部位によって、三〇～六〇％と推定されています。大腸ガンは、食事などの環境因子と遺伝との関連で起きます。食物の成分には、ガン化を促進

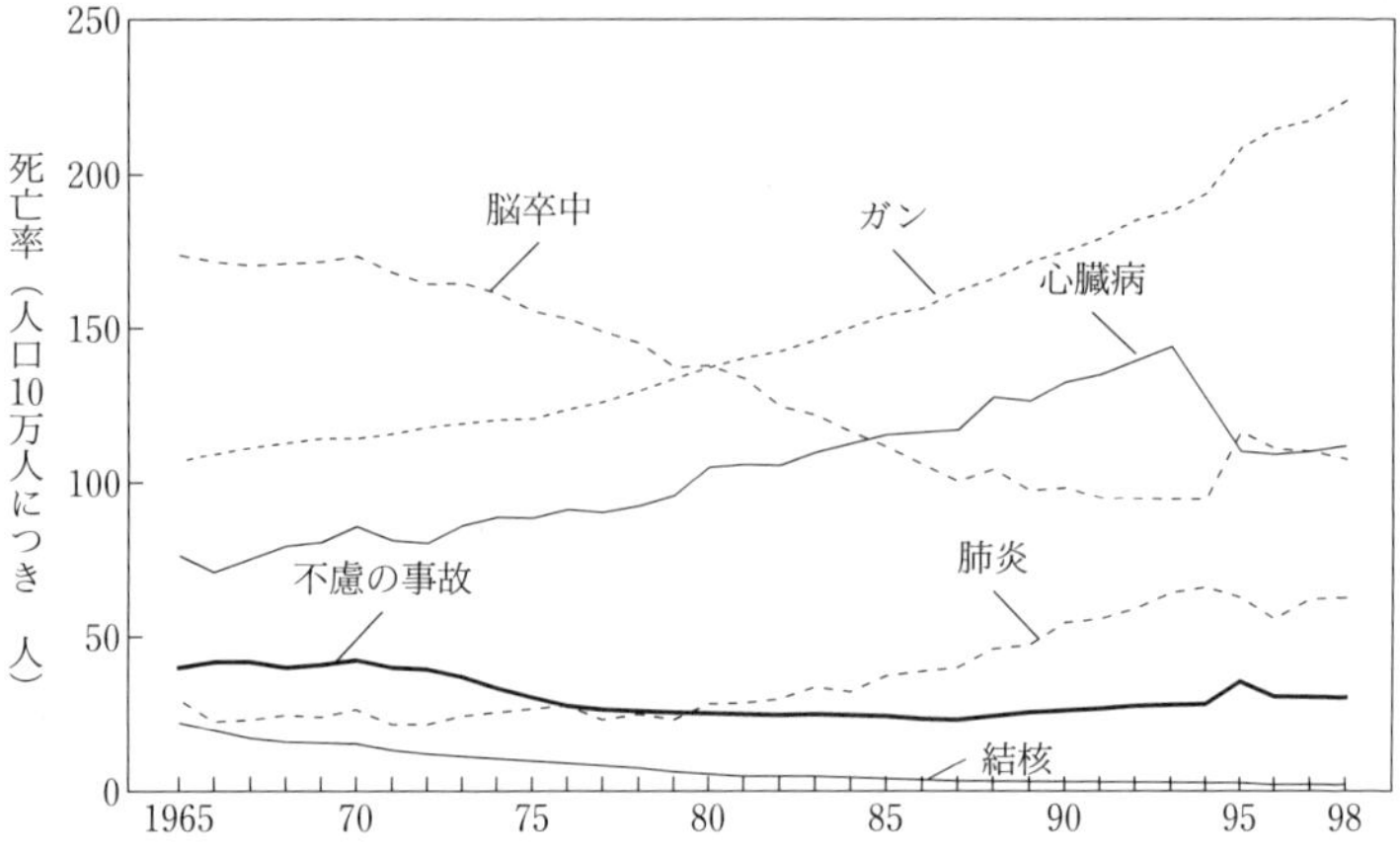

図5.3　死因別死亡率の推移（厚生省「人口動態統計」より）

する成分と、抑制または予防する成分があります。牛乳・乳製品で大腸ガンの予防効果が分かっている成分は、カルシウム、ビタミンD、共役リノール酸（CLA）、スフィンゴ脂質、酪酸です。なお、CLAには乳ガンの予防効果が確認されています。

(2) 脂肪の摂取量と大腸ガン、乳ガン

脂肪（油脂）の摂取量と大腸ガンなどの間には、関係があることが疫学調査の結果で分かっています。疫学とは、人を集団として観察することによって、病気の原因や、栄養、環境要素などの影響を調べる学問です。図5・4は世界の国々について、アメリカのキャロル博士がまとめたものです。全カロリー摂取量に対する油脂のエネルギー比率が横軸に、大腸ガンと乳ガンの発病が縦軸に示されています。このように脂肪摂取量と発ガンは関連することが分かります。特に高脂肪で肉食が多く、低食物繊維の食事は大腸ガンにつな

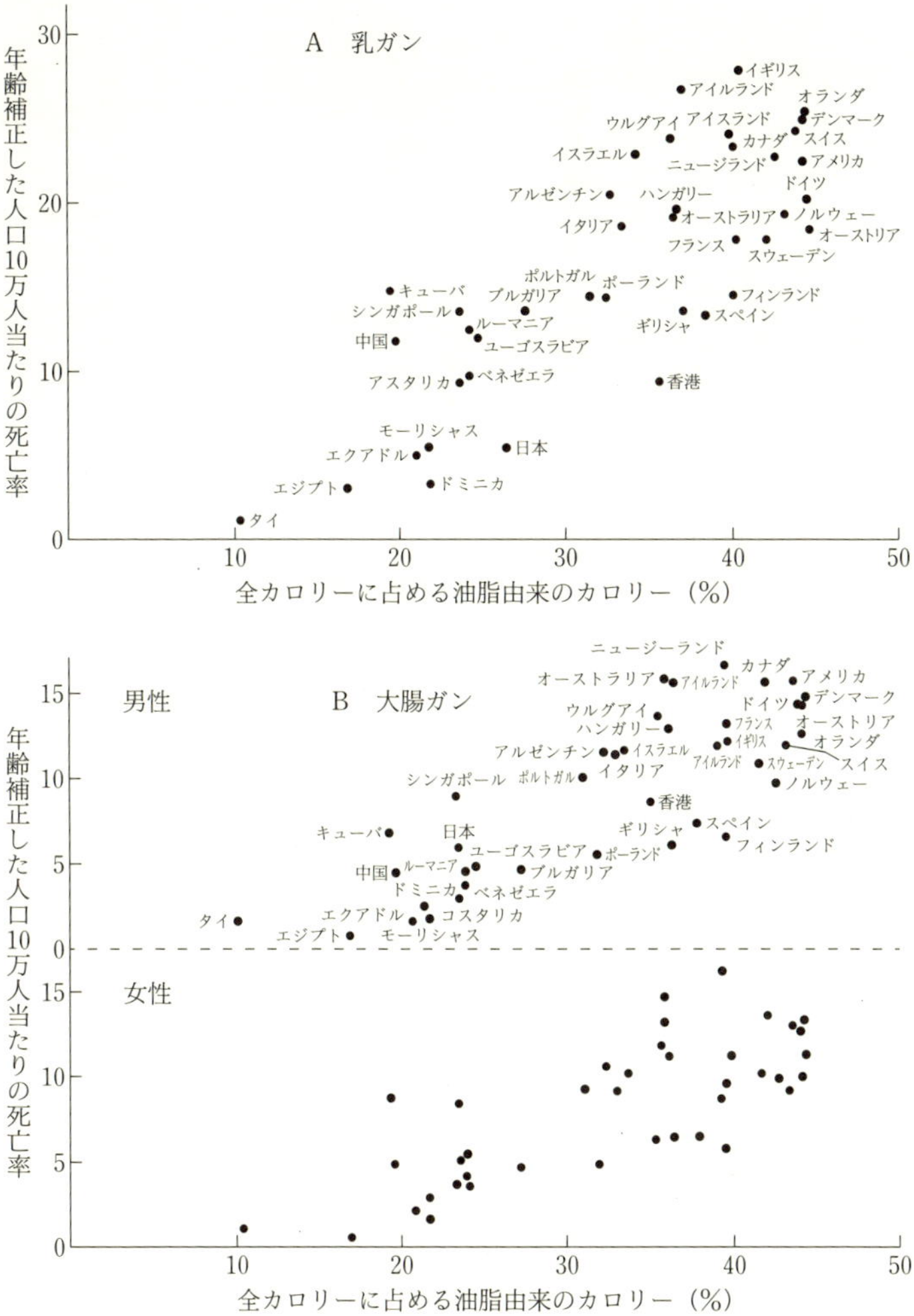

図 5.4　油脂摂取量とガン死亡率の関係

がりやすいとされています（フィンランドは高脂肪ですが、高食物繊維なために大腸ガンは少なめです）。

なぜ脂肪摂取が増えると大腸ガンにかかりやすくなるか？　これは次のように考えられています。脂肪の多い食事を摂るとその消化のために、肝臓からの胆汁酸の分泌が多くなります。肝臓ではレシチンとコレステロールを原料にして胆汁酸を含む胆汁が作られ、十二指腸に分泌されます。小腸内で分解した脂肪類は水に溶けませんが、レシチンと胆汁酸の助けで溶かされて吸収されます。消費されなかった胆汁酸は、大腸の腸内微生物の作用で有害な物質に変わり、これらが発ガン促進物質として作用するためではないかということです。このことは動物実験ではすでに確認されています。問題は乳製品からの乳脂肪摂取ですが、乳脂肪と大腸ガンの関わりは見出されていません。

(3)　乳製品中のガンを防ぐ成分

乳製品に多いビタミンＤ、そして乳製品自体の大腸ガンの予防効果が、多くの研究結果で明らかになっています。ビタミンＤにはカルシウムの吸収を助ける作用があります。

まず疫学研究の結果ですが、近年、世界的に行われた多くの研究の結果、カルシウムの摂取量と、大腸ガンの発病および死亡率との間には、反比例の関係があることが分かりました。この関係を図５・５に示しました。これはアメリカの例ですが、横軸にカルシウムの摂取量、縦軸に大腸ガンのリスクの大きさを示します。一日一六〇〇ミリグラムを摂る人は、八〇〇ミリグラムの人よりリス

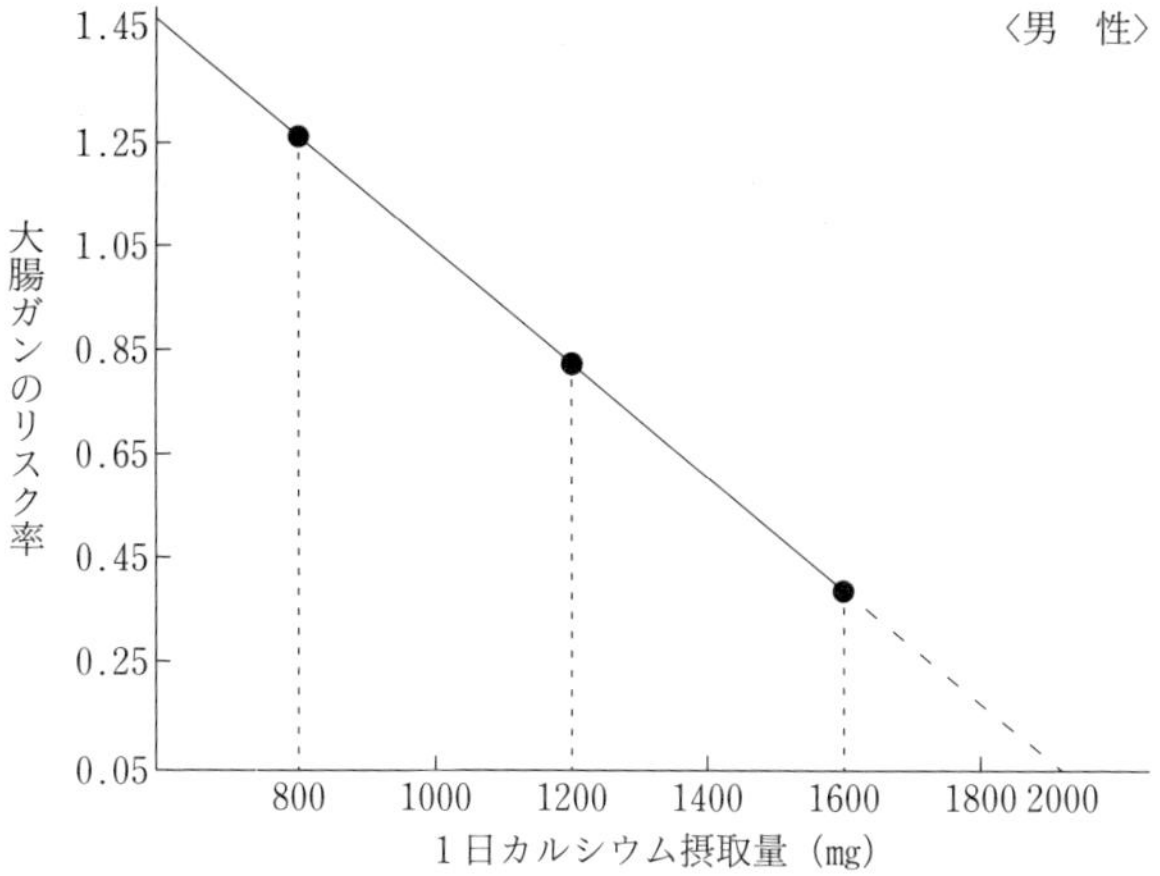

図 5.5　米国40～79歳の男性カルシウム摂取と大腸ガンリスク
（数字が小さいほどリスクが少い）
(出典：M. L. Slattery, *et. al., Am. J. Epidemiol,* **128**, 504 (1998)

クが三分の一に減少します。この現象は特に男性で顕著であるとされます。日本人はカルシウムの平均摂取量が一日六〇〇ミリグラム以下ですから、注意が必要です。また、骨粗しょう症のリスクもあります。同様にビタミンD摂取と大腸ガンの間にも、反比例の関係が認められています。ビタミンDは日光を浴びることで効力を発揮します。また太陽に恵まれる赤道に近い国の方が、大腸ガンが少ないという結果があります。

　牛乳とヨーグルト、チーズなどの乳製品は、カルシウムを多く含みます。牛乳・乳製品の摂取量と大腸ガンとの間には、いくつかの疫学研究で反比例の関係が認められています。例えば、牛乳にビタミンD添加が行われ、晴天の多いカリフォルニア州では、乳製品摂取が多い人ほど大腸ガンにかかりにくいという関係が認められています。しかし後に述べますが、ヨーグルトの大腸ガン防止効果は、カルシウムとビタミンＤの効果とは異なる、別の作用によるという見解もあります。

疫学研究では非常に多くの人が対象になるので、原因と結果の関係が不明確になりがちです。一方、動物実験は人が対象ではありませんが、条件を正確に管理できますので、原因と結果の関連が明確になります。多くの動物実験の結果は、カルシウムとビタミンＤとは、明らかに大腸ガンを抑制しました。脂肪の多量摂取で、胆汁酸の分泌が増えることは前に説明しました。あまった胆汁酸は腸内細菌の作用で発ガン性物質に変えられ、この種の有害物は大腸内の水に溶けて、粘膜の細胞に害作用を与えます。また、多量の脂肪酸吸収も粘膜細胞を痛めます。養分の吸収作用では、腸粘膜の上皮細胞は常にはげ落ちて新生を繰り返していますが、害作用で新生を早めることが発ガンのきっかけになります。カルシウムはこれらの物質と結合して、水に溶けない物質に変えるので、害作用が抑えられガンの防止に役立つとみられます。人に換算すると、一日一六〇〇ミリグラム程度のカルシウム摂取が有効であるとされます。

これらの動物実験の結果から、脂肪摂取の多い場合は、カルシウムやビタミンＤを十分に摂る必要があり、カルシウム摂取が大腸ガンの防止に役立つことが、分かりました。カルシウムだけを摂るのでは不十分で、ビタミンＤを摂り適度の日光を浴びることも大切です。

腸内の上皮細胞の異常な増殖は、大腸ガンの発病につながります。ポリープができているような、危険性の高い患者に対する臨床試験では、一日一二五〇ミリグラムのカルシウム投与で、二、三か月後に大きな改善が起こりました。別の試験では、一日当たり一三〇〇〜一五〇〇ミリグラムのカルシウムを数日間与えることで、改善が認められました。このように、カルシウムとビタミンDについて、本格的な臨床試験が数多く行われ、大腸ガンの予防に対する、カルシウムの効果の確実性が高まりました。

一九九〇年代には、牛乳・乳製品の大腸ガン防止効果についても、研究が進みました。初期の結果は牛乳、発酵乳、乳製品には、わずかですがガンの防止作用があるというものでした。しかし、牛乳・乳製品やカルシウムの効果は、大腸ガンがある程度進行した場合に、効果が期待できるという結果がでてきました。

胆汁酸などからできた有害物質は、大腸内の水に溶けて害を及ぼします。大腸内にある便の水分の細胞毒性を調べると、カルシウムの多い乳製品を摂った人（一五〇〇ミリグラム／日）と、摂らない人（四〇〇ミリグラム／日）との差は顕著でした。この種の研究は世界的に多く行われましたが、一例を図5・6に示します。13人の健康な男性に高脂肪で高タンパクな食事を与え、一週間はカルシウムのない牛乳（偽薬：プラセボ）、次の一週間はカルシウム強化牛乳を与えました。偽薬群の人は七六五ミリグラム／日、強化牛乳群の人は一八二〇ミリグラム／日のカルシウム摂取になります。この試験を繰り返し、胆汁酸などの成分変化を、偽薬の場合を一〇〇として示しました。強化牛乳群は不溶性の胆汁酸と脂肪酸が便中に増え、便の水分ではこれらが半分以下に減り、細胞毒性が六〇％も減少しました。

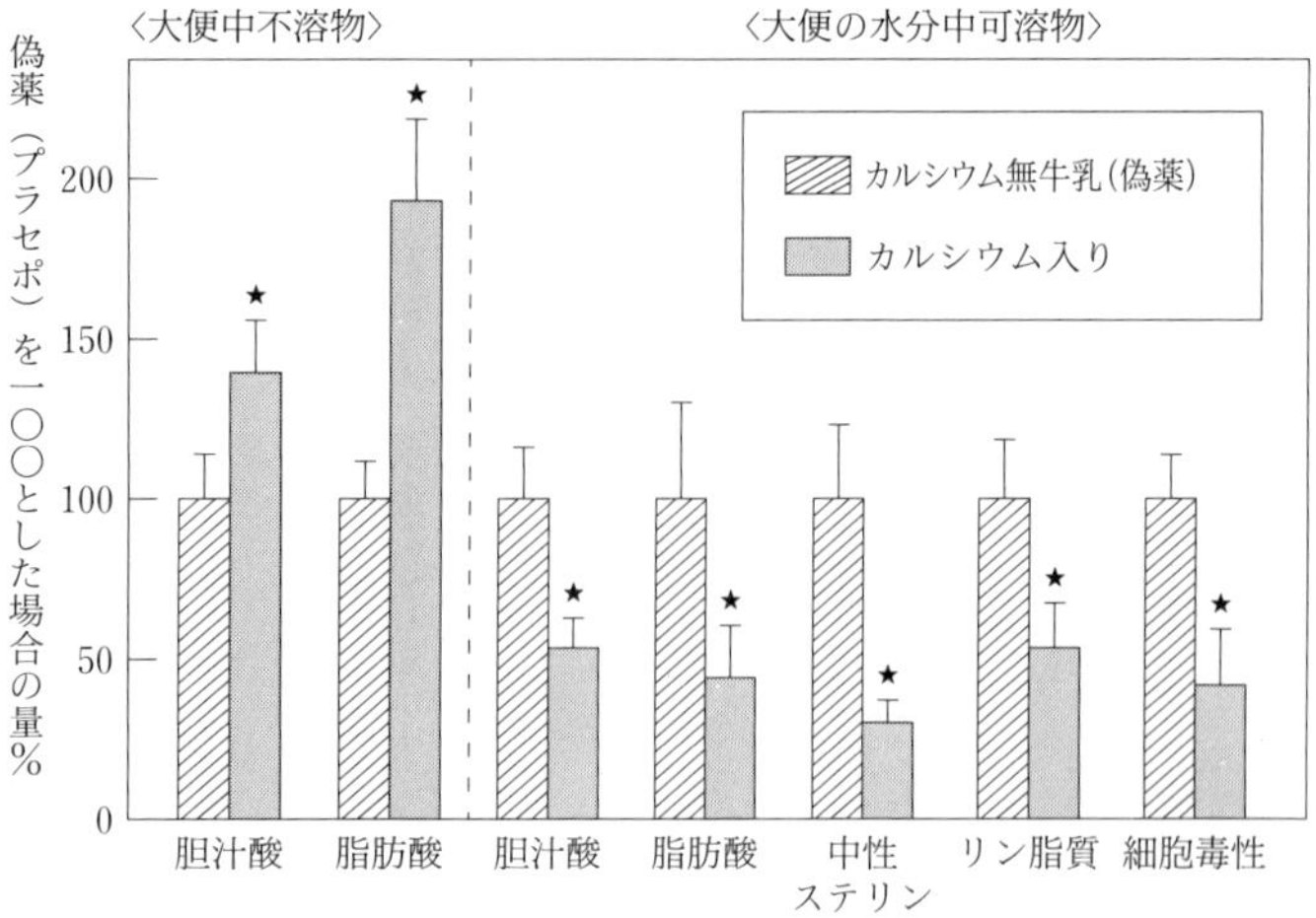

図 5.6　カルシウム強化乳と無カルシウム牛乳（偽薬：プラセボ）飲用１週間後の大便および大便の水分中の胆汁酸類と脂肪酸含有量（偽薬を100％とした）
(出典：Van der Meer, *et. al., Cancer Letl.* **114** (1997))

別の臨床試験では、ポリープ（大腸の腺腫）を手術した九三〇人の患者の再発率は、一二〇〇ミリグラム／日のカルシウム投与で、ポリープで二五％、発ガンで一七％の減少をみました。また、この種の患者に対するカルシウム強化脱脂乳の飲用試験（カルシウムの全量で一五〇〇ミリグラム／日投与）で、大腸ガンの発病が顕著に抑制されました。

(4)　発酵乳と大腸ガン

以前からヨーグルトは長寿食と考えられてきました。一九七三年にヨーグルトの発ガン防止効果が、ネズミで認められて以来、多くの動物実験がなされました。この効果は、生菌入りのヨーグルトに、免疫細胞を活性化させる効果があり、インターフェロンなどの抗ガン物質の生成が促進されること。また、乳酸菌が腸内細菌のバランスを改善するためと考えられています。しかし、人の大腸には六〇～一〇〇兆もの細菌が住んでいますので、少々の乳酸菌では効果が長続きしません。

生菌入りヨーグルトなどの発酵乳の摂取で、大腸ガンのリスクが減ることはほぼ確実とみられます。フィンランド人は、油脂の摂取が全カロリーの四〇％以上と多いにもかかわらず大腸ガンが少ないのは、ヨーグルト消費が多いことと、食物繊維の多いライ麦が主食であるためとされます。

大腸ガンの予防効果は発酵乳中の細菌によって異なり、効くものと効かないものがあります。効果の期待されるものとしては乳酸桿菌に属するアシドフィラス菌と、ビフィズス菌その他で、これらの乳酸菌は動物実験の結果で、大腸ガン予防効果が認められています。人に対する効果の直接的な研究はできませんが、発ガン物質生成の原因になる悪玉の腸内細菌による酵素生成を、アシドフィラス菌が抑制することが分かっています。

(5)　乳製品に含まれるその他のガン予防物質

乳製品中のガン抑制物質としては、脂肪酸の一種の共役リノール酸（ＣＬＡ）、スフィンゴ脂質、酪酸、乳タンパク質が知られています。

共役リノール酸

ＣＬＡはリノール酸の仲間ですが、牛の腸内細菌の作用でリノール酸から作られます。ＣＬＡは分子の構造がリノール酸と少し異なり、牛乳、バター、チーズに含まれます。

ＣＬＡには強い抗ガン性があり、また心臓血管病への予防効果が期待されています。ＣＬＡをネズミの餌に〇・五％加えると、発ガン物質によるガン細胞の増殖を強く抑制し、また培養した人のガン細胞増殖を微量で抑えます。特に有効なのは乳ガンで、乳製品によるＣＬＡ摂取の多い女性では、乳ガンのリスクが大きく減少します。ＣＬＡは発ガンを防止するばかりでなく、ガンの増殖を抑制するはたらきもあります。また抗ガン性のほかに、心筋梗塞の緩和、慢性腎炎の抑制などが知られていますし、体脂肪の減少にも有効とされました。例えば、ウサギに一日〇・五グラムのＣＬＡを与えると、血中のＬＤＬと総コレステロールが大きく減少し、ＨＤＬコレステロールの比率が高まります。

乳製品による大腸ガン予防については、ＣＬＡの効果はカルシウムの効果より大きいと見られています。なぜＣＬＡがガン防止や治療に有効なのかは、まだよく分かっていません。牛乳や牛脂中のＣＬＡは、牛が青草や牧草など繊維質を多量に食べると増え、穀物飼料では少ないとされます。牧草に加えて、あまに油、魚油などの多価不飽和脂肪酸を与えると、さらにＣＬＡが増えることが分かっています。将来はＣＬＡが牛乳・乳製品の差別化に用いられるかも知れません。

スフィンゴ脂質

スフィンゴ脂質は窒素やリン酸を含む重要な脂質で、動物の脳や神経に多く含まれ、また牛乳にも含まれます。この脂質には種々の仲間がありますが、スフィンゴミエリンが最も一般的で、牛乳のスフィンゴ脂質の大部分を占めます。また牛乳に含まれるレシチンなどのリン脂質のうち、三分の一はスフィンゴミエリンです。スフィンゴ脂質は、細胞生理作用への制御機能を通じてガン防止に機能します。タンパク質キナーゼCというリン酸化酵素は、ガン細胞の増殖を促進しますが、スフィンゴ脂質はこの酵素の働きを抑えます。また、スフィンゴミエリンが腸内で分解すると、ガン抑制物質ができるとされ、この脂質と発ガン物質をネズミに与えると、発ガン率が半分以下になりました。この作用機構については、まだよく分かっていません。

酪　酸

酪酸は乳脂に約四％含まれ水に溶ける脂肪酸です。酪酸は母乳には〇・一％程度しか含まれず、含有量では牛乳脂肪の特徴となっています。酪酸には大腸ガンの予防効果が期待されており、動物実験と人のガン細胞を用いての試験では、ガン抑制やガン細胞の死滅効果が確認されています。乳脂の酪酸は小腸で吸収され、大腸には届きませんので、なぜ酪酸に大腸ガンの抑制効果があるのか、まだ判明しておりません。食物繊維の多い食事を摂ると、大腸の有用細菌の発酵で酪酸ができますが、この場合は大腸ガンの防止につながるとされます。

乳タンパク質

牛乳タンパク質のカゼインと、特にホエータンパク質には、大腸ガンの予防作用があると見られます。カゼインは乳タンパク質の約八〇％を占めます。カゼイン、大豆タンパク質、赤身の肉タンパク質を別々に与えたネズミでは、カゼイン群の大腸ガンの発生率が最少で、発ガン物質の原因になる細菌酵素の生成を抑制しました。またカゼインの小腸での分解物中には、有害物を掃除する食細胞や、リンパ細胞の活性を強める物質があります。一方ホエータンパク質は、硫黄を含むアミノ酸（システインとメチオニン）を多く含みます。これらのアミノ酸からは、ガン防止効果のあるグルタチオンが合成されます。グルタチオンによって、ガンの原因になる活性酸素などのラジカルを除く酵素が働きます。

(6) ガン予防のために

ガンの予防には、脂肪の摂取をできるだけ控え、油脂由来のカロリーを、全カロリーの二五％(欧米では三〇％) 以下にすることが奨められています。日本で広まってきた欧米風の食事がガンを促進し、逆に日本食の健康効果が欧米で注目されています。乳製品には飽和脂肪が多いのですが、健康阻害や発ガンを助長すると報じた論文は全く見あたらず反対に、乳製品のカルシウム、ビタミンＤ、発酵乳、ＣＬＡ、スフィンゴ脂質などのはたらきによる大腸ガンの抑制効果がよく分かってきました。

十分なカルシウムの摂取によって、腸の上皮細胞の異常な増殖が抑制され、大腸ガンが予防されます。アメリカでは、五〇歳以上の人は一日にカルシウムを一二〇〇ミリグラム以上、ビタミンDを一〇～一五マイクログラム摂ることが奨められています。特に乳製品はカルシウムに富み、吸収率も高いので良好な栄養源です。また、ヨーグルトは吸収の良いカルシウムと共に、有用な乳酸菌を含むので、大腸ガンの予防にさらに有効とされます。CLAやスフィンゴ脂質もガン防止に有効で、これらの作用が共に働いて、牛乳・乳製品の発ガン防止効果（特に大腸ガンと乳ガン防止）を高めていると思われます。

3　乳製品と高血圧

(1)　高血圧とは

高血圧とは、心臓の収縮時の血圧（最高血圧）が水銀柱で一四〇ミリメーター以上、拡張時の血圧（最低血圧）が九〇ミリメーター以上とされています。高血圧患者は年齢と共に増加しますが、高血圧が怖いのは心臓血管病と脳卒中の引き金になり、糖尿病を悪化させることです。血圧が正常な人に比べ、高血圧の人は心臓血管病のリスクが三～四倍、脳卒中では七倍に達します。高血圧の原因は、遺伝的な素質と環境や生活習慣で、一般に多くの因子が重なって起こります。改善および奨励される生活習慣は次の通りです。

①肥満（体重指数：体重（キログラム）を身長の二乗（m）で除した値を二五以下にする）。
②節酒（一日にアルコールで三〇ミリリットル以下、ビール大瓶一本、日本酒二〇〇ミリリットル以下にする）。
③三〇分間程度の有酸素運動（水泳やジョギング）をほぼ毎日する。
④食塩は一日六グラム以下、カリウム、カルシウム、を十分摂る。
⑤禁煙と飽和脂肪の制限

血圧は特に内臓脂肪が多い肥満で高まり、体重を減らせば低下します。また日本の食生活では食塩の摂取が多く、一日一二グラム程度摂取されています。厚生労働省はこれを八グラム以下にするよう勧告していますが、それでも世界の勧告量の六グラムを上回ります。肉体労働や激しい運動などで汗をかく人は、ナトリウムの必要量が増えるのは当然で、汗一リットルに対して二～三グラムの食塩が失われます。ミネラルの不足を補うということであれば食塩よりも乳・乳製品の摂取をお奨めします。牛乳・乳製品はカリウム、カルシウムの良好な栄養源です。ちなみに牛乳・乳製品由来のカルシウム摂取は、アメリカでは七三％ですが、日本の牛乳・乳製品消費はアメリカの二七％程度です。まだまだ改善の余地がありそうです。

日本の成人のミネラル類の一日所要量は、カリウムで二〇〇〇ミリグラム、マグネシウムは三〇〇～七〇〇ミリグラム、カルシウム六〇〇～二五〇〇ミリグラムとされています。カルシウムは、あまり多すぎると害作用が懸念されますが、牛乳と脱脂乳一〇〇グラムにはおよそ、カルシウム一二〇ミリグラム、マグネシウム一三ミリグラム、カリウム一五〇ミリグラムが含まれ、バランスの良いミネラル源といえます。

(2)　乳製品中のカルシウムと血圧

カルシウムというと、骨粗しょう症など骨の健康に注目が集まっていますが、血管の健康にカルシウムは欠かせません。過去一五年ほどの間に、牛乳・乳製品のようなカルシウムの多い食品や、カルシウム強化食品に、血圧の調節に重要なはたらきのあることが分かってきました。それは多くの動物実験、疫学研究、臨床試験の結果です。

遺伝的に高血圧症になるネズミと、正常血圧のネズミについて行った実験があります。高カルシウムの餌を与えると血圧が下がります。高ナトリウムで低カルシウムの餌では、血圧上昇が起こり、高血圧症のネズミの血圧を下げるには多量のカルシウムが必要でした。理由は高血圧症のネズミのカルシウムの吸収力が低いためです。カルシウムには、血管の筋肉をゆるめ、血圧の上昇を防ぐ作用があります。

数多くの疫学研究で、カルシウムの摂取不足が、血圧上昇に強く関連することが分かっています。健康人のカルシウム、マグネシウム、カリウム摂取が少ないと、血圧が上昇しますが、勧告摂取量を守ると低下します。特に妊娠した婦人の一〇～二〇%がかかる高血圧症は、カルシウム摂取と逆の関係になります。この関係は小児でも同じで、幼稚園児についての研究結果で、カルシウム一〇〇ミリグラムの摂取増加ごとに、収縮期の血圧が二ミリメートル下がりました。高血圧の子供の約半数が、成長して高血圧症を起こすので、子供のカルシウム不足は避けなければなりません。

アメリカの六万人の看護婦に対して行われた追跡健康調査の結果、カルシウムの一日摂取量が四〇〇ミリグラム以下の群と八〇〇ミリグラム以上の群では、四年後の高血圧症のリスクが二三％も異なりました。この関係は男性でも同様です。健康者について四年間、一〇年間の追跡調査が行われましたが、高血圧症はカルシウム五〇〇ミリグラム／日以下の群では起こりやすく、カルシウム摂取量の増加で減少しました。この種の疫学研究は一九九五年までに二三件に及んでいます。さらに牛乳・乳製品からのカルシウム摂取が、血圧を低下させることが多くの研究結果で示され、他のカルシウム源より強力であることが分かっています。

臨床研究の結果も、動物実験や疫学研究の結果と一致しました。牛乳・乳製品や栄養補助食品（健康食品）による臨床研究で、カルシウムの血圧低下効果が確認されました。特に高血圧症患者、高齢者と女性では、カルシウムの作用が顕著に現れる傾向があります。妊娠では月が進むと血圧が高まりますが、一二〇〇人と二五〇〇人について行われた二度の試験では、一日二〇〇〇ミリグラムのカルシウム摂取で、偽薬を与えられた群より、三～五％の血圧低下が認められました。しかし、元々カルシウムを一一〇〇ミリグラム以上摂っている女性には、投与効果は期待できませんでした。

一種の食品成分が、血圧に大きく影響することはまれです。種々の成分が重なり合って影響が現れます。ナトリウム（食塩）またはアルコールの摂取量が多いと、カルシウムの血圧低下効果が減少します。元々血圧の高い人は、アルコールを控えるべきことは前に述べました。毎日アルコールで三〇ミリリットル以上、または一日二回以上アルコールを飲む人は、余計にカルシウムを摂る必要があります。

(3) カリウム、マグネシウムと血圧

多数の動物実験、疫学研究、臨床試験の結果で、適量のカリウム摂取が高血圧、脳卒中の予防につながることが分かっています。カリウムは野菜、果物、牛乳・乳製品などに広く含まれます。日本の成人では、カリウムの勧告摂取量は一日二〇〇〇ミリグラムとされています。カリウムの摂取量、細胞内と血液や尿のカリウム量と、血圧は反比例関係にあります。一日七・五グラムのカリウム摂取で、血圧は収縮時と拡張時でそれぞれ、八・三と五・七ミリメートル下がるとされます。脳卒中との関連では、カリウム摂取の増加で、血圧低下とは無関係に罹患が減少します。また、子供の高血圧症の場合、ナトリウムの過剰よりカリウムの欠乏の方が、影響が大きいことが分かっています。一般的にはカリウムの血圧低下効果は、高血圧患者より通常血圧者の方が顕著とされます。

血圧低下については、カリウムを含む食品の種類の影響があり、牛乳・乳製品由来のカリウムは低下効果が大きいとされます。

マグネシウムの六〇〜六五%は骨に存在し、不足すると骨から補給されます。日本人のマグネシウム所要量は、成人男性で一日三〇〇ミリグラム、女性で二五〇ミリグラムとされます。マグネシ

ウムには、心臓血管の筋肉を弛緩する作用があり、血圧の低下作用がありますが、カルシウムやカリウムほどには研究されてはいません。アメリカの五万八千人の看護婦について行われた疫学調査結果では、一日二八〇ミリグラム以上を摂る人の高血圧症罹患は、二〇〇ミリグラム以下の人に比べて三分の一以下でした。この試験でのマグネシウムの供給源は、野菜と果物が二七％、穀物一七％、乳製品一三％でした。マグネシウム摂取に関して、一日四〇〇ミリグラム以上摂る人の高血圧症リスクを一とすると、摂取が減少するにしたがってリスクは高まり、二五〇ミリグラム以下で一・五倍とされます。

ナトリウム、カリウム、カルシウムのミネラル間のバランスは、血圧低下に影響します。カリウムの血圧低下効果は、低ナトリウム食の人より高ナトリウム食の人で顕著です。カリウムを摂りすぎても、尿へのナトリウムの排泄は増えませんが、ナトリウムを摂りすぎるとカリウムの排泄が増えます。したがってナトリウムを多く摂る人は、カリウムを多く摂る必要があります。またカリウムを多く摂ると、カルシウムの尿への排泄が減ります。

(4)　高血圧予防のために

高血圧には種々の食品成分が複雑に影響しています。現在、アメリカで奨められている高血圧の防止法を紹介すると、低脂肪乳製品、果物、野菜を多く摂り、油脂摂取量、特に飽和脂肪量を大きく減らすということです。このことを継続すれば、最高血圧が一四〇〜一六〇ミリメートル以下の人では下げることができます。

食塩を減らし、カルシウム、カリウム、マグネシウムの適量を摂れば、血圧を下げることができ、高血圧症のリスクを減らすことができます。高血圧は心臓病、脳卒中、糖尿病の発病と関わりが深く、心臓血管病は世界的にみて最大の死因です。血圧低下には、栄養補助食品としてのカルシウム摂取は奨められません。牛乳・乳製品をはじめ天然の食品は、カルシウム以外のミネラルや、健康作用のある成分を含むからです。子供から老人まで、牛乳・乳製品の摂取は全体としての栄養強化につながります。アメリカでは、牛乳・乳製品から一五〇〇ミリグラム程度のカルシウムを摂ることが推奨されています。

カルシウムの日本成人での一日必要所要量は最低六〇〇ミリグラムですが、低血圧症の人は別ですが最大で二五〇〇ミリグラムまで摂って安全です。マグネシウムは、食品から四〇〇ミリグラム以上の摂取が勧められ、飲料水からの摂取を含めて、成人で一日最大七〇〇ミリグラムとされます。

これらのミネラル摂取には、栄養補助食品（健康食品）に頼らず、低脂肪乳製品で三品目、果物と野菜で八〜一〇品目を摂ることがもっとも好ましい摂取といえます。

チーズや小魚を酒の肴にすると良いでしょうが、塩を舐めながら酒を飲むのは感心できません。

4　乳製品と骨粗しょう症

⑴　骨粗しょう症とは

骨粗しょう症とは、「骨の代謝異常による病気で、骨重量が減って細かい骨の構造が退化して粗くなり、脆くなるために骨折を起こしやすくなる」状態です。閉経後の年配の女性に多く、気づかない間に進行して身長が縮み背骨が曲がり、手首や大腿骨、腰骨が折れやすくなります。腰骨が折れると健康生活への復帰は難しく、アメリカではこの病気による女性の死亡率は、乳ガン、子宮ガン、卵巣ガンの合計に等しいとされます。高齢化の進む日本でも、同様な現象が飛躍的に増えるとみられます。

骨粗しょう症の原因は、他の生活習慣病と同様に遺伝的因子も絡んで複合的です。特に最近は、生活習慣（ライフスタイル）の影響が注目されています。カルシウムはその99％以上が骨格に含まれます。人の骨の健康（骨量）は三〇歳以前にピークになりますが、生涯にわたって十分なカルシウムを摂ることで、閉経後や高齢時の骨密度を高めに保つことができます。

牛乳・乳製品は欧米人の最大のカルシウム源で、乳製品消費がさほど多くないアメリカでも、その貢献度は七三％に達します。カルシウムの吸収にはビタミンDが必要ですから、乳製品と同時にビタミンDを摂ることが奨められます。日本では牛乳に他の栄養成分を入れることが禁じられていますが、アメリカではほぼすべての牛乳に、ビタミンDが九〇〇ミリリットル当たり一〇マイクログラム（四〇〇国際単位）強化されています。この量は幼児から成人の一日所要量の二倍に相当します。もし欧米人が牛乳・乳製品を摂らない場合、カルシウム摂取量は一日二〇〇〜三〇〇ミリグラムになり、勧告量の三分の一程度になってしまいます。

(2) 骨の生理

骨格を構成する骨の外側は固い緻密質で、内部は比較的柔らかい蜂の巣状の海綿質からできています。骨の構造は最低の重量で最高の強度が得られるようになっており、成人の骨の約八〇％は緻密質です。

生涯にわたって骨は再生し、常に入れ代わるので、新しい骨を作るために常にカルシウムが必要です。血液中のカルシウム濃度は常に一定に保たれますが、カルシウムの摂取が不足すると、骨のカルシウムが血液中に溶けて出てきます。乳児から小児、青年と骨は成長を続けて、身長の伸びが止まっても骨量は増えて頑丈になり、二〇〜三〇歳の間に最高になります。誕生時の骨のカルシウム量は約二五グラムで、成人では九〇〇〜一三〇〇グラムです。女性では閉経後に主に海綿質のカルシウムが減少し、骨量は年々三％程度減少し、約五年後には減少の度合いが緩やかになります。閉経で女性ホルモンが減少することが、急速な骨量低下の原因です。男性では五〇歳以降にゆっくりと骨量が減り、六五歳以上では男女とも似た減少速度になります。

(3) 骨粗しょう症と生活習慣

骨量の減少で、骨の細胞は次第に薄くなり弱くなりますが、その程度は遺伝と環境、カルシウムの摂取や運動などの生活習慣によって異なります。遺伝的素質には、いくつかの遺伝子が関わるとみられますが、十分なカルシウムとビタミンDを摂っていれば、問題は少ないといわれます。およそ女性は、男性より四倍程度骨粗しょう症になりやすく、痩せて骨格の貧弱な人ほどリスクが大きいとされます。骨粗しょう症のリスク因子をまとめると次の通りです。

① 家系：近親者に骨粗しょう症の多い場合
② 性別：女性
③ 年齢：高齢者の年齢に比例的
④ ホルモンの分泌：女性では閉経時またはそれ以前のエストロゲン（女性ホルモン）不足、男性でのエストロゲン不足
⑤ 痩せて弱い骨格
⑥ 食事：カルシウム、ビタミンD不足と、日光浴不足
⑦ 運動不足：運動習慣がないと骨量と筋肉が減少
⑧ タバコとアルコール：喫煙と酒の飲み過ぎはリスク増大
⑨ 薬品の害：喘息、リュウマチ治療薬などステロイド系薬品

これらの中で、生活習慣に関する因子は個人の努力で改善できます。タバコは骨粗しょう症を促

進します。タバコの影響を、喫煙習慣あるなしの双子姉妹で調べた結果、閉経前の骨密度で五〜一〇%の差がでました。喫煙で腰骨骨折のリスクも五〇%増加するとされます。しかし、タバコを止めると骨量が減りにくくなります。過度の飲酒は骨粗しょう症（骨折）の重要なリスク因子です。それは、アルコールはカルシウム吸収を間接的に阻害し、肝機能を弱め、酩酊で転倒の危険が増大するからです。

運動は重要で、よく歩いたり重いものを持ったりすることが大切です。骨は重力に逆らって運動する場合に発達しやすいので、泳ぐばかりのスポーツでは効果がありません。シンクロナイズドスイミングの選手は、骨粗しょう症にかかりやすいとされます。女性は、骨が発達する十代から二十代にかけて、十分な運動をすることが大変大事です。ナトリウムを摂りすぎると、カルシウムが尿中に排泄されますので、発汗後の食塩の補給は多すぎないことが大切です。またタンパク質の摂り過ぎも、カルシウムの尿への排泄を促進しますので、カルシウムとタンパク質の摂取比率は、タンパク質一グラムに対してカルシウム一〇ミリグラム以上が奨められています。牛乳・乳製品に含まれるタンパク質とカルシウムの比率は非常にバランスがよく理想的な食品といえます。ほうれん草はカルシウムを不溶化するシュウ酸を多く含み、このためカルシウムの吸収が阻害されます。牛乳のカルシウム吸収率は三〇〜五〇%とされますが、ほうれん草のカルシウムは五%しか吸収されません。

(4)　どの年齢層にもカルシウムは重要

厚生労働省によるカルシウム所要量は、一二～一三歳男子の日量九〇〇ミリグラムを最高に、六〇〇ミリグラム以上とされていますが、不足する人の多いのが問題です。骨粗しょう症の防止には、できるだけ多くカルシウムを摂ることが有効です。アメリカではカルシウムの勧告摂取量を一九九〇年に増加させ、一一～一八歳の男女で一三〇〇ミリグラム以上、それ以上五〇歳までは一〇〇〇ミリグラム以上、五〇歳以上では一二〇〇ミリグラム以上としました。しかし、一九九〇年でのカルシウム平均摂取量は、男性八五六ミリグラム、女性六五二ミリグラムと低水準でした。今日でも勧告量に達している比率は女性二〇%、男性四〇%以下と低率です。男性のカルシウム摂取が多いのは、元来食事量が多いためです。高齢ではカルシウムの吸収力が下がるので、多い目の摂取が奨められています。アメリカでは勧告摂取量が、全年齢で日本の約二倍と大差があります。女性では妊娠・授乳中と通常期の間に差をもうけていません。これは妊娠と授乳期には、カルシウム代謝に適応現象が起こり、特に増やす必要が無くなるためです。

幼児と十代の育ち盛りは骨の成長も早い時期です。この時期に骨量を増やしておくことは、将来の骨粗しょう症防止のために重要です。一日の所要量は、四～八歳で日本：五〇〇～六〇〇ミリグラム、アメリカ：八〇〇ミリグラム、九～一八歳才で日本：七〇〇～九〇〇ミリグラム、アメリカ：一三〇〇ミリグラムとされます。成長期のカルシウム摂取を一日三〇〇ミリグラム増やすことで、骨の無機質密度が顕著に増加することが知られています。三〇〇ミリグラムのカルシウムは牛

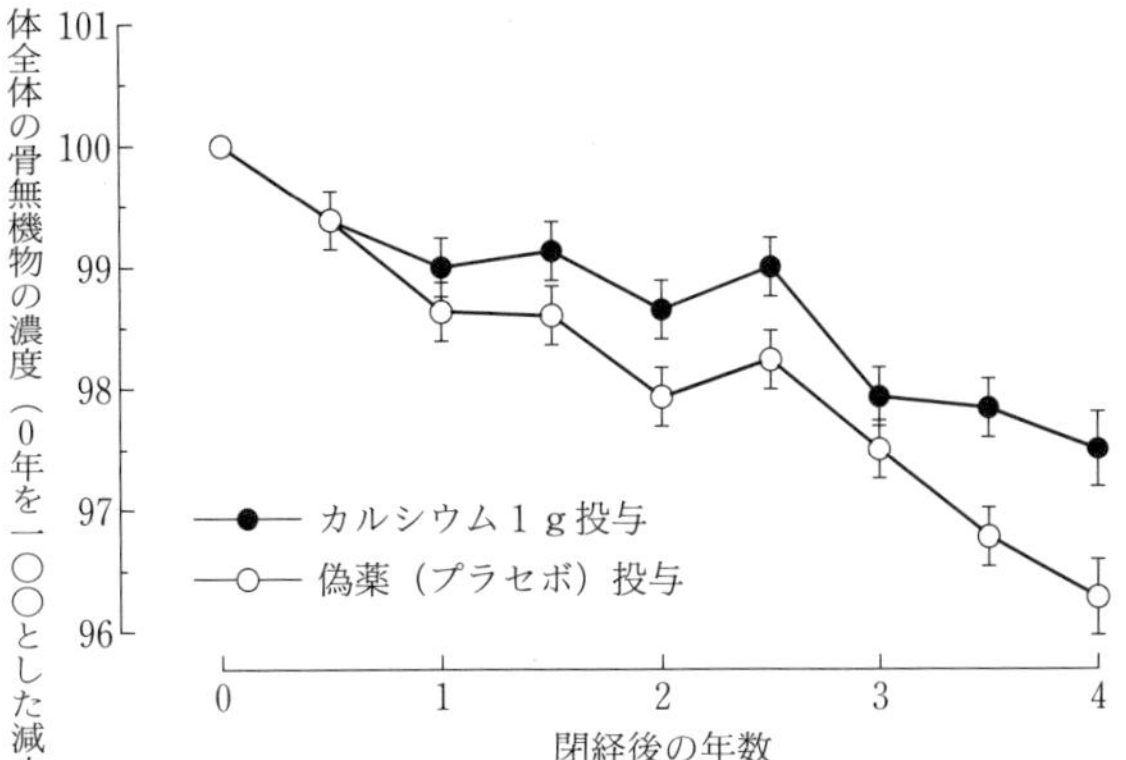

1日1gのカルシウム投与群と偽薬投与群の4年間の骨ミネラル濃度変化

図5.7　閉経後の女性へのカルシウム補強の骨のミネラル濃度への影響

(出典：I. R. Reid, *et. al., Am. J. Med.*, **98**, 33 (1995))

乳で二四〇ミリリットル、チーズならば四五グラムを摂ればまかなえます。幼児期から青年期にかけて牛乳・乳製品を摂るか摂らないかで、骨の大きさと骨密度に対する差が、歴然と現れます。

　前に述べたように、閉経後の約五年間は女性ホルモン分泌の減少で、女性の骨密度が年に三％程度減り、その後は年間約一％の減少になります。この期間は、カルシウムを十分摂っても骨密度減少をわずかに防ぐ程度です。しかし閉経から約五年後には、特に十分なカルシウムの摂取が必要になります。これは年齢によってカルシウムの吸収能力が下がるためです。日本には閉経後の女性に対する指針はありませんが、アメリカでは五一歳以上の婦人に、一日一二〇〇ミリグラムのカルシウムを摂ることを奨めています。三一～五〇歳の勧告量が一〇〇〇ミリグラムですから、それより二〇〇ミリグラム多いことになります。

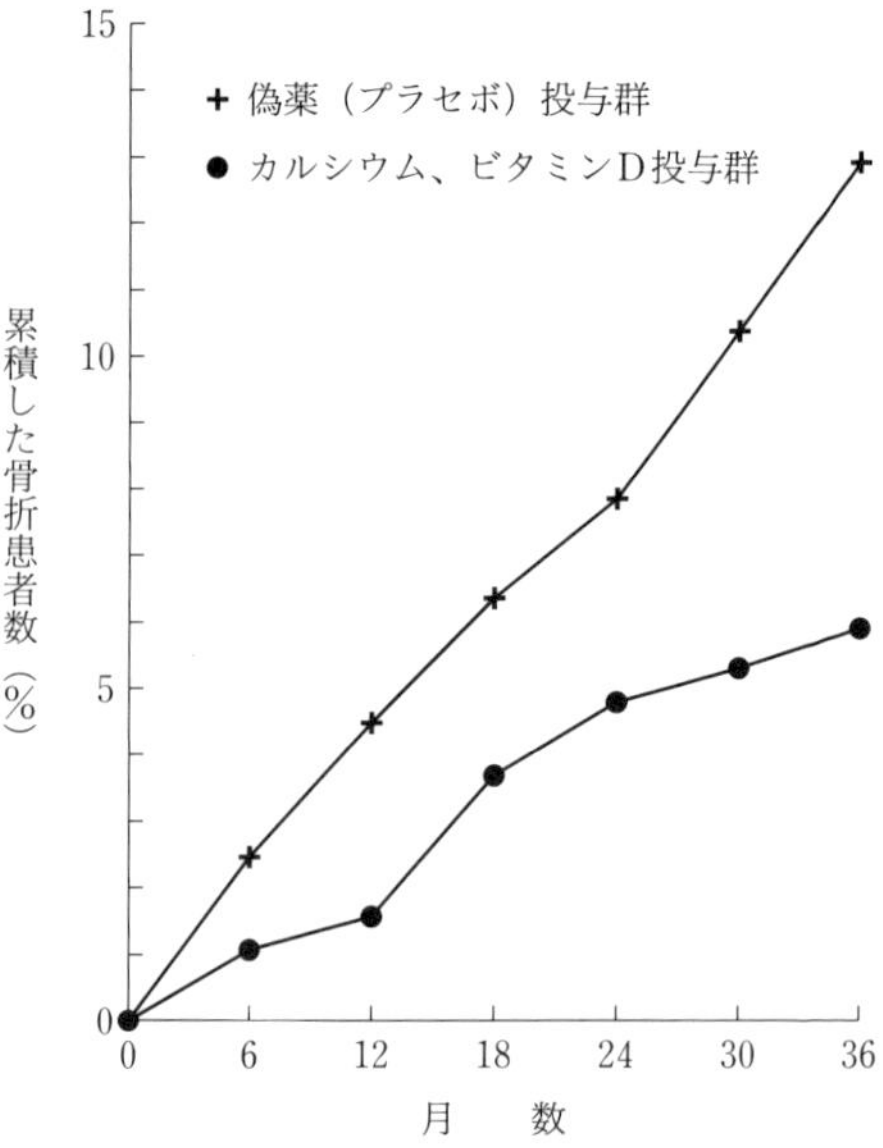

図 5.8　389人の閉経女性の半数にカルシウムとビタミンDを投与した場合の偽薬（プラセボ）投与との骨折の比較（骨折患者の累積%で示す）
（出典：Dawson-Hughes, *et. al., N.Engl. J. Med.*, **337**, 670 (1997)

(5) 骨粗しょう症の予防

高齢者の骨量は毎年〇・五〜一%減少し、骨粗しょう症は高齢者の死亡を高めます。この予防には、カルシウムとビタミンDの重要性がよく知られています。閉経後の女性だけでなく、六五歳以上の男性も毎年一%程度の骨量を失っており、骨粗しょう症患者の約二〇%は男性です。男性の骨そしょう症が女性より少ないのは、元来男性の骨量とミネラル含量が多いこと、女性より寿命が短いことによっています。男性も女性と同じく、若い時の最大骨量が多いほど、骨粗しょう症を起こしにくくなります。

アメリカでは、五一歳以上の男性も、女性と同じく一日一二〇〇ミリグラムのカルシウムと、ビタミンDを国際単位で四〇〇、七〇歳以上では六〇〇を摂ることが奨められています。実際この量を摂ることで、骨密度が高めに維持され、骨折が三〇〜四〇%減少した研究結果があります。また三年間一日当たり、カルシウム一四〇〇ミリグラム、ビタミンD七〇〇国際単位の投与で、六五歳

表 5.5　カルシウム摂取基準の日米比較、所要量（mg/日）

年齢（歳）	日本（第6次改訂）男	女	上限量	アメリカ科学アカデミー(NAS)	連邦健康協会(NIH)
0～5月	200		―	210	400
6～12月	500		―	270	600
1～2歳	500		―	1～3歳 500	800-1200
3～5	500		―	4～8歳 800	800-1200
6～8	600	600	―	800	800-1200
9～11	700	700	―	1300	800-1200
12～14	900	700	―	1300	1200-1500
15～17	800	700	―	1300	1200-1500
18～29	700	600	2500	1000	～24歳 1200-1500
30～49	600	600	2500	19～30歳1000	25～50 1000
50～69	600	600	2500	1200	1400
70～	600	600	―	1200	1500

以上の成人の骨折を五〇％減らすことができました。骨粗しょう症の治療にも、カルシウムとビタミンDの投与が有効なことは当然です。

骨粗しょう症は何よりも予防が大切で、リスクを避けるためには、早すぎることも、遅すぎることもないとされています。予防の骨子は、骨の発達が最大になる三〇歳以前にできるだけ骨量を増やすことと、五〇歳を過ぎてからの骨量減少を防ぐことです。そのためには、十分なカルシウムとビタミンDの摂取が肝要です。日本人のカルシウムの一日平均摂取量は、厚生労働省の勧告値の六〇〇ミリグラムに達していません。その上、アメリカの勧告量とも大差があります。表5・5に、カルシウムの勧告摂取量の日米比較を行いましたが、一見して大差があります。最近、日本の若者の体格向上は著しいものがあります。骨の健康上どの程度のカルシウム吸収が必要か？　その答えはでていません。見直しの必要を感ずるのは筆者だけではないと思います。

一方、ビタミンDの一日所要量は日本の場合、五歳までの乳幼児は四〇〇国際単位、六歳以上はすべて一〇〇国際単位です。アメリカ（ナショナル科学アカデミーNAS）の勧告摂取量は、それぞれ国際単位で五〇歳まではすべて二〇〇、五一～七〇歳は四〇〇、七〇歳以上は六〇〇と、これもまた日本と大差があります。

カルシウムの摂取で、一年を通じて最も手近な方法は、牛乳・乳製品を摂ることです。アメリカ医学協会の食事のガイドラインは「一生を通じて骨の健康のために、婦人と思春期の少女は、もっとカルシウムの多い食品を摂るべきである。低脂肪や無脂肪乳製品、他のカルシウムの多い低脂肪食品で、適量のカルシウムを摂り、脂肪の摂りすぎを避けることができる」としています。

加工乳や果汁飲料などカルシウムを強化した食品や、栄養補助食品は多いのですが、何度も述べたように、天然の食品から摂ることが奨められています。それは種々の栄養素の吸収利用に相互関係があって、バランスを保った摂取が望ましく、特定の栄養素だけを多く摂ることを避けるためです。例えば、骨はカルシウム以外に、リン酸、マグネシウムなど多くの成分を含んでいます。牛乳・乳製品が栄養的に優れているのは、タンパク質、脂質、炭水化物、ミネラル、ビタミン類をバランスよく含んでいるためです。このような事実は、ビタミン剤などの補助食品摂取にあたっても、十分留意すべきことです。特に化学的合成品の摂取では、作用の未知な副産物がないとは言えないからです。

カルシウムの吸収に必要なビタミンDは、肝油、イワシ、シラス干し、カツオ、マグロ、シイタケなどに多く含まれます。骨の健康のために、高齢者ほどビタミンDの摂取を増やすことが必要ですが、簡単ではありません。アメリカなどでは牛乳へのビタミンD強化が行われていますが、日本でも牛乳への添加が許可されることが望まれます。また、ビタミンDは日光の作用で有効に働きますから、高齢になっても積極的に戸外にでて、日光を浴を浴びる必要があります。

5　乳製品と歯の健康

(1)　虫歯の成り立ち

虫歯と歯周病が多いのは先進国の特徴です。種々の予防法の普及で近年は減少してはいるものの、公衆衛生上の大問題である事態は変わっていません。学童の半数と大部分の成人が、治療の有無はありますが、永久歯の虫歯を持っています。虫歯の数は年齢と共に増え、歯周病や歯根病にかかりやすくなり、六五歳以上ではほとんどの歯を失うという人も増えています。虫歯や歯周病の原因には遺伝要素と免疫不全、環境要素がありますが、食品の摂り方も重要な原因です。歯が発達してくる前の栄養状態は、直接・間接的に歯のエナメル質の発達や唾液の成分に影響し、その良し悪しによって虫歯にかかりやすい歯ができるかどうかが決まります。生後三年までの幼児にとって、歯を作る養分（カルシウム、リン、マグネシウム、フッ素その他の微量ミネラルなど）を十分摂ることが大

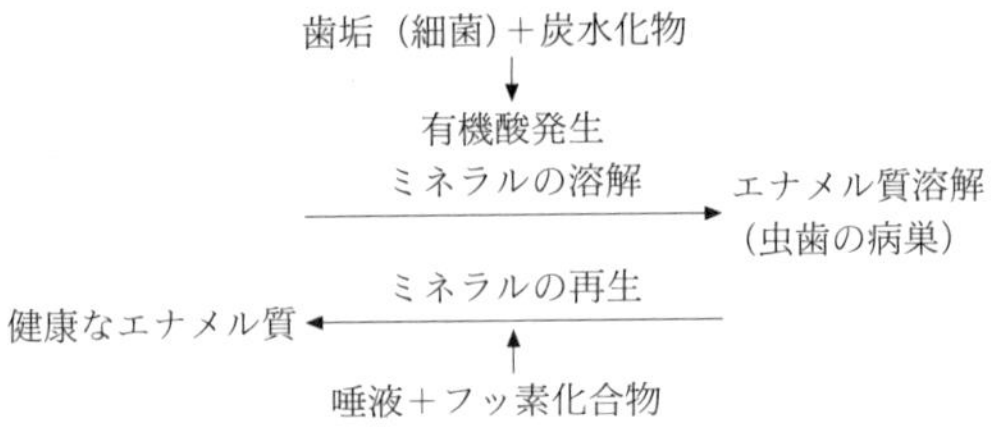

図5.9　虫歯の発生におけるミネラル溶解と再生の図式

切で、影響は成人期にまで及びます。虫歯の予防には乳製品、特にチーズの効果が顕著です。

食品自体は虫歯の原因ではありません。原因は複雑で、患者自身（遺伝、栄養、行動習慣、年齢）、歯垢の細菌、唾液の量と成分組成、環境（この中に食品が含まれます）が重なり合って起こります。虫歯の進行は図5・9に示すように、一方でエナメル質の溶解が進み、他方で唾液の成分でそれが再生されるという、バランスによっていると考えられています。歯垢は食べ物のかすに細菌が住み着いたもので、その三分の二がいろいろな細菌です。歯垢内と歯の表面や隙間に住み着く細菌は、食物中の糖（特に砂糖）やデンプンなどの炭水化物を代謝して有機酸を作ります。この酸でpHが中性から五・七以下になると、エナメル質の溶解が起こり、半年から二年で病巣ができます。しかしエナメル質溶解は一方的に進むわけではなく、同時に唾液の養分とフッ素化合物による保護作用が働き、歯の表面にエナメル質の再生が起こります。糖分を長時間摂り続けたり歯磨きをしなかったりして、細菌の活動が長続きすると、虫歯の進行は早まります。

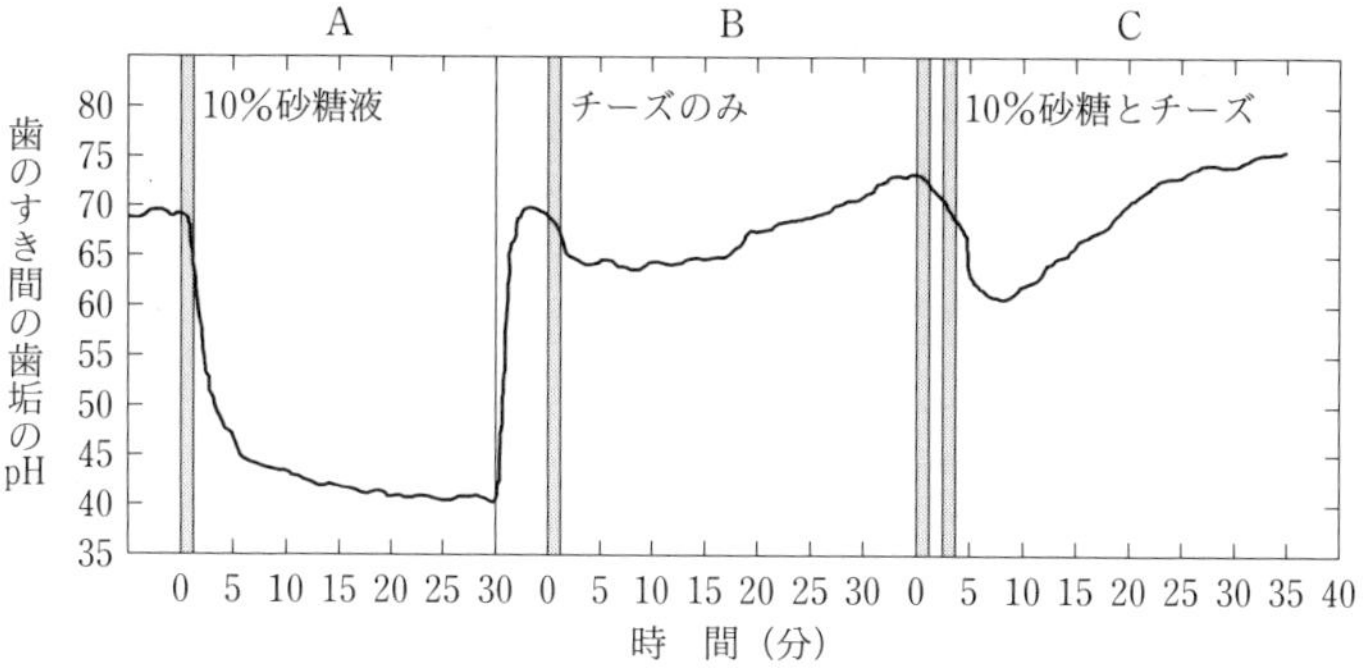

図 5.10　プロセスチーズの虫歯予防効果

(2)　牛乳とチーズの虫歯予防作用

唾液を分泌させないネズミなど多くの動物実験の結果で、牛乳は糖やデンプンと異なり歯垢の原因にならないことが分かっています。さらにむし歯の原因になる砂糖（ショ糖）の多い餌に牛乳を加えると、虫歯が起こりにくくなり、唾液の保護効果に似た作用があることが分かりました。種々のチーズについても、砂糖と共に与えると虫歯を抑制することが分かっています。

人での実験では、食品を食べた後の歯垢のpH変化が、虫歯の進行の物差しになります。チェダーチーズ、ブルーチーズ、ゴーダチーズなどを与えた場合、歯垢のpHは、下がらないか、下がってもわずかでした。食後三〇分で歯根付近の隙間のpHを虫歯を起こす五・七に下げない食品は、各種チーズ、卵、ハム、ナッツ類、砂糖を含まないチューインガム（マンニトール、キシリトール、ソルビットール入り）でした。また砂糖を食べる前か後に、チェダーチーズなどを食べると、砂糖によるpH低下を防ぐ作用がありました。この作用はナチュラルチーズだけでなく、図5・10に示すようにプロセスチーズにも認められています。

人を使った実験は問題が多いので、人の口内に似せた多くのモデル研究が行われました。例えば、一〇％の砂糖の摂取直後に五グラムのチーズやホエー製品を与えると、エナメル質の溶解が七一％減少しました。それは乳製品に多量に含まれるカルシウムやリン酸塩などのミネラルによるものでした。コーラ飲料や果汁はエナメル質を溶かす原因になりますが、ホエーのミネラルを添加すると防止効果がありました。プロセスチーズを用いた人での実験でも、エナメル質の溶解を防ぎ、再補強の効果が認められました。特に古くなった固いチーズをよく噛むことで、この作用が高まるとされます。

このような多くの研究結果を総合して、どのような食品が最も虫歯を起こしやすく、また防ぎやすいかが比較されました。リンゴ果汁、ミルクチョコレート、キャラメル、小麦フレーク、クッキー、クラッカー、脱脂乳の七種の食品中で、歯の健康に最も良い食品は脱脂乳で、最悪のものはリンゴ果汁でした。ミルクチョコレートが、クッキーより虫歯を起こしにくいこともわかり面白い発見でした。

(3)　疫学研究と臨床試験

イギリスの学童について行った疫学調査で、虫歯のないグループは一日八グラム以上のチーズを食べ、虫歯グループは半分の四グラムでした。子供の牛乳飲用量と虫歯は逆関係にあることが、欧米で行われた多くの疫学研究で明らかになっています。成人から高齢者では歯根の病気が増えます。発病者と健康者に関して行ったアメリカの調査では、健康者はチーズ、乳製品、果汁消費が多く、砂糖とデンプン摂取が少ないことが分かっています。四七～八三歳の成人を歯根の健康で四分類したところ、歯根病が最も少なかったグループの乳製品摂取は、歯根病が最も多かったグループの二倍で、砂糖摂取は半分以下でした。

チーズの虫歯予防効果は、子供に食後五グラムのチーズを二年間与えた臨床試験の結果でも証明されています。チーズの虫歯防止作用の原因は明確ではありません。しかし、チーズを食べることで唾液の分泌が促進され、また唾液中のカルシウムとリンの含有量が増えることが分かっています。

(4)　歯周病と乳製品

歯周病は、歯根を支える組織と骨が失われる慢性的な感染症で、やがては歯が抜けてしまいます。歯周病は細菌の感染で発病しますが、患者には復元力があります。遺伝的に歯周病にかかりやすい人がいますし、自己免疫、糖尿、アルコール依存症、内分泌異常、喫煙、偏食などが原因でこの病気が進行します。歯周病は虫歯と異なり、食事との関連がさほど明らかではありません。しかし、歯垢の蓄積が歯周病につながります。歯垢のできやすさは食事に関係しますし、栄養の偏りは免疫力を弱めます。乳製品と歯周病の関係も明確ではありませんが、チーズ摂取が骨量の減少を防止する点で、歯周病の予防に有効であるとする動物実験があります。カルシウムの不足が歯周病の進行を早めることは予想できますし、骨粗しょう症に先だって歯周病が起こることも考えられます。この関連は現在研究が進行中です。人口の高齢化の進む中で、加糖していない牛乳・乳製品が、骨粗しょう症ばかりでなく、歯の健康のためにも役立つのは注目すべきことです。

6　乳糖不耐性と牛乳アレルギー

(1)　乳糖不耐性とは

牛乳・乳製品は乳幼児から高齢者まで、生涯にわたって重要な栄養源です。それらは、良質のタンパク質と消化の良い脂肪、カルシウム、カリウム、リン、ビタミン類などの無機質、炭水化物としては乳糖（ラクトース）を含みます。人によっては、成長につれて牛乳の乳糖の消化性が悪くなる場合があり、人種によっては最大七五％の成人がこの現象を示すとされます。これを乳糖不耐性と言い、白人では一〇％程度と少ないのですが、日本人には乳糖不耐性の人が多くいます。このような人種差は、酪農の習慣の歴史に関連して、遺伝的に獲得されたものとされています。

乳糖不耐性は微量で起こるアレルギーとは異なり、症状の出る人でも一二グラムの乳糖では、普通は症状を起こしません。牛乳の乳糖は約五％弱なので、約二四〇ミリリットルまでは症状が出ないことになります。しかし、胃腸症状は心理的な影響が大きいので、乳糖不耐性の人はこの量でも症状を起こす場合があります。

乳児の時には分解酵素（ラクターゼ）の作用で、乳糖が分解されますが、成長するにつれて種々の食品を摂るようになると、三～五歳でラクターゼが減ってきます。そこで乳糖の消化が不十分なために、下痢などの不愉快な胃腸症状を起こしますが、その程度は人によって異なります。

乳糖不耐性を調べるには、乳糖を五〇グラム含む水溶液を飲んだ後に、血糖値の変化を調べ、血糖値の上昇が少ないことで判断できます。また乳糖摂取後に呼気中の水素を調べ、その発生量で診断できます。

母乳は乳糖を約七%含みます。乳糖はガラクトースとグルコースからできており、ショ糖はフルクトースとグルコースからできています。ショ糖は急速に酵素分解され小腸で吸収されますが、乳糖の分解は小腸の終わりのほうでゆっくりと進みます。ラクターゼの活性が不足する乳糖不耐性の人は、乳糖をよく分解できません。遺伝的な乳糖不耐性の他に、細菌感染の下痢症や胃腸障害、鎮痛消炎剤や抗生物質の投与などで、一時的な乳糖不耐性が起こることがあります。

乳糖不耐性では乳糖が消化吸収されないために、小腸内の浸透圧が高まり、多量の水を保った状態になります。大腸に住む細菌は、やってきた乳糖を分解して、乳酸などの有機酸、炭酸ガス、水素、メタンを作ります。乳糖が多いため多量のガスができるので、鼓腸や腹痛を起こし、水も多いので下痢症状を起こします。呼気中の水素で不耐性の診断ができるのは、細菌の発酵作用で水素ができるためです。

表5.6　牛乳・乳製品の乳糖含有量

製　品	乳　糖(g)
牛乳1カップ（240ml）	
全　乳（普通の牛乳）	9〜12
1％低脂肪乳	12〜13
脱脂乳	11〜14
山羊乳	11〜12
ヨーグルト1カップ	4〜17
チーズ（50g）	
カッテージ	0.7〜4
チェダー	0.4〜0.6
スイス	0.5〜1
モザレラ	0.5〜4
クリーム	0.1〜0.8
アイスクリーム1/2カップ	2〜6

N.S. Scrimshow and E.B. Murray, *Am. J. Clin. Nutr. Sp.* 48(4) (1988)から作成

(2) 乳糖不耐性を防ぐ

ここまでに述べたとおり、牛乳・乳製品の栄養価は高く、心臓血管病、ガン、高血圧、骨粗しょう症などの予防効果が顕著で、歯の健康効果があります。乳糖不耐性であっても、日常的にできるだけ多くの牛乳・乳製品を摂ることが奨められます。乳糖不耐性の人でもすこし工夫すれば、牛乳・乳製品を安心して摂ることができます。まず、一回の乳糖摂取を症状を起こさない一二グラム以下にすることです。そして次のようなことをためしてみて下さい。

① 牛乳を一回に二四〇ミリリットル以下で、一日数回に分けて飲む。
② 牛乳・乳製品と他の食べ物を一緒に摂るとよい。それは胃の中に食物がある間は、小腸への消化酵素分泌が続くためである。
③ チーズを食べる。チーズの製造工程で大部分の乳糖が除かれるためである。
④ 乳酸菌で乳糖を発酵したヨーグルト（発酵乳）を摂る。
⑤ 乳糖を減らした乳製品を摂る。
⑥ 乳糖を酵素で分解した牛乳を飲む。

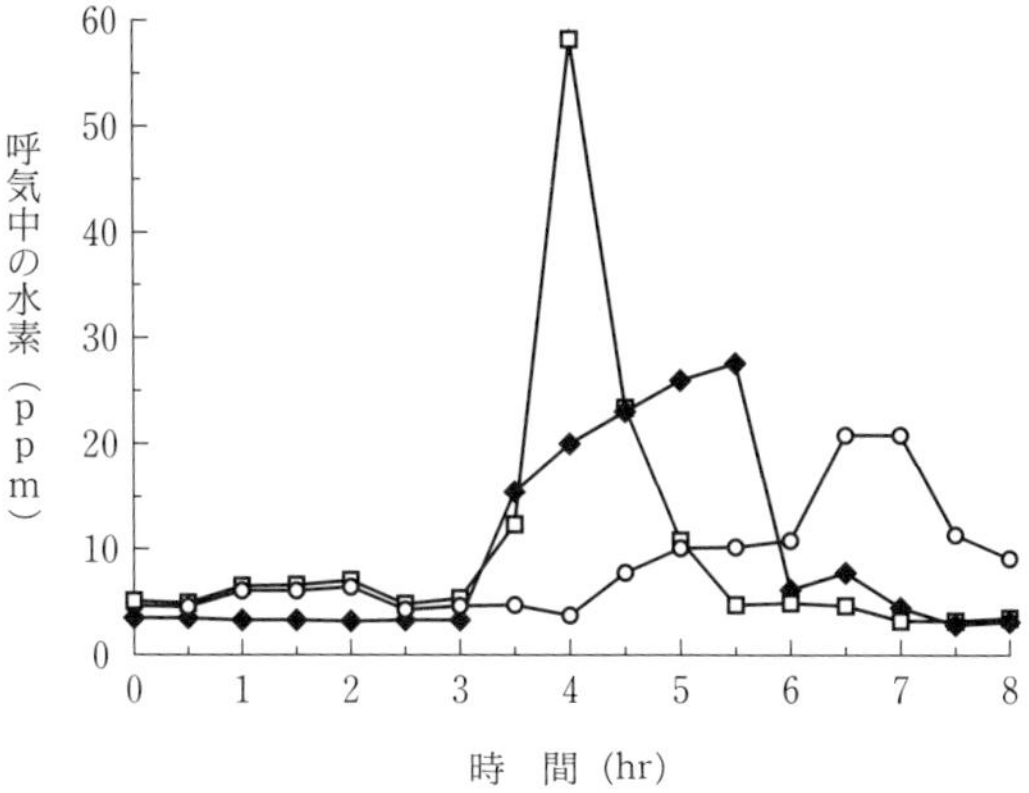

図 5.11　乳糖不耐性患者が、牛乳、殺菌ヨーグルト、無殺菌ヨーグルト（生菌入り）ヨーグルトを摂った後に、呼気中にでてくる水素量の変化，□牛乳、◆殺菌ヨーグルト、○無殺菌ヨーグルト
（出典：M. A. Shermak, *et. al., Am. J. Clin. Nutri.,* **62**, 1003 (1995)）

表5・6に牛乳・乳製品の乳糖含有量を示しました。牛乳と脱脂乳、部分脱脂乳は大型カップ一杯に九～一四グラムの乳糖を含みます。乳酸菌を含むヨーグルトはラクターゼを含み、ある程度乳糖が分解されています。チーズは種類によって異なりますが、一〇グラムを食べても乳糖量は一〇グラムを超えません。

生きた乳酸菌入りのヨーグルトが乳糖不耐性に良い理由は、ヨーグルト中では乳糖の分解が進んでいること、固化しているので胃の滞留時間が長くなり、乳糖が腸に少しずつ出ていくためとされます。また、ヨーグルトに含まれる乳酸菌は、乳糖を分解する酵素を持っています。耐酸性の大きい乳酸菌を用いると、菌は胃の中でも作用するので、未殺菌ヨーグルトの菌が乳糖を分解します。この点で殺菌ヨーグルトは有効性に劣ります。

図5・11は、乳糖不耐性の子供一四人に、牛乳、殺菌ヨーグルト、無殺菌（生菌入り）ヨーグルトを食べさせた後、息の中に出てくる水素の量を調べたものです。水素の発生は、大腸内に持ち込まれた未消化乳糖の、細菌による発酵を示します。牛乳では四時間後に水素発生がピークになり、量も多いことが分かります。殺菌したりヨーグルトは牛乳ほどではないにしろ起こっています。水素発生が生菌入りヨーグルトでは発生水素量は少なく、ピークもなだらかであり、乳糖不耐性に対して効果が認められます。

(3)　牛乳アレルギー

牛乳アレルギーは、タンパク質に対する過敏な免疫反応で、幼児の二〜三%弱を占めます。八五%は生後二年までに起こり、三歳を過ぎてからの場合は反応は強くありません。反応は下痢と嘔吐などの胃腸症状と、呼吸器と皮膚症状です。患者は生後四〜六か月まで母乳で育て、固体の食品は六か月を過ぎるまで与えないこと、牛乳は一歳まで（卵は二歳、ピーナッツや魚は三歳まで）与えないことが推奨されています。表5・7は同愛記念病院の小児アレルギー患者の原因調査です。鶏卵が最大の原因ですが、次が牛乳になっています。原因が乳タンパク質でも、その他のタンパク質であっても、酵素で加水分解して、アミノ酸にした製品ではアレルギーを起こしません。

原因物質について、牛乳アレルギー患者で調査した結果があります。牛乳のタンパク質別の原因

表5.7　小児アレルギーの原因食品

原因食品	症例数	臨床症状			
		消化器	呼吸器	皮　膚	その他
鶏　卵	118 (34.6%)	68	32	42	3
卵　白	42 (12.3%)	28	16	25	
牛　乳	62 (18.2%)	29	11	42	2
牛　肉	13 (3.8%)	9	4	3	
鶏　肉	24 (7.0%)	19	3	11	
豚　肉	11 (3.2%)	8	4	2	
鹿　肉	2 (0.6%)		1	2	
アイスクリーム	16 (4.7%)	3	9	9	
米	3		1	2	
小　麦	4		2	2	
大　豆	9 (7.3%)	3	1	6	
日本そば	6	3	2		3
ピーナッツ	3		2	1	
カツオ	5	2		3	
カ　ニ	5		1	4	
サ　バ	4 (6.0%)			4	
マグロ	3			3	
エ　ビ	3			3	
キーウイ	2			2	
パパイヤ	1			1	
ピーマン	2 (2.3%)			2	
オレンジ	2			2	
ほうれん草	1		1	1	
計	341例	172例 (50.4%)	90例 (26.4%)	172例 (50.4%)	8例 (2.3%)

（上野川修一 編「乳の科学」同愛記念病院データ）

は、患者の八二％がβ-ラクトグロブリンに、四三％がカゼインに、四一％がラクト-アルブミンに、一八％が血清アルブミンに、高い感受性を示したとされます。ラクトグロブリンに類似するタンパク質は、母乳には含まれませんので、特にこのタンパク質がアレルゲンになりやすいとみられます。牛乳アレルギーを起こす食品は、乳製品以外に、パン、菓子、肉製品、スープなど、牛乳・乳製品を原料に用いたすべての食品が原因になり得ます。

7　プロバイオティクス

(1)　プロバイオティクスとは

耳慣れない言葉のプロバイオティクスとは、乳酸菌などの微生物で、胃や小腸で死なずに大腸に行き着いて、健康効果を発揮するもののことです。プロバイオティクスの考えは発酵乳から始まりました。発酵乳の健康効果は、まず生きた乳酸菌が多いことと、利用性の高いカルシウムなどのミネラルが多いことです。そのほかに、乳糖不耐性改善、血中コレステロール低下、腸内細菌相の改善、免疫系の賦活作用、ガン予防などが研究されています。特に近年は、カルシウムに大腸ガンの防止効果があることが分かってきました。今後の課題は、健康効果の確認と共に、用いられる乳酸菌類の中で、どの菌が有効であり、製品中で安定であり、食べた後に大腸に達して、どれだけ生き続けるかなどの問題の解明です。

プロバイオティクスは発酵乳に限りません。この意味は先にも述べましたが、「人の健康に役立つ生きた細菌による食品素材」です。この考え方は、二〇世紀の初頭に、ロシアのノーベル賞受賞科学者、E・メチニコフによって提唱されました。メチニコフは、ブルガリアの農民に健康長寿が多いのは、彼らが発酵乳を常食するためであると信じていました。この発酵乳は乳酸桿菌で発酵したものであり、彼はこの菌が腸内での有害な細菌類の作用を防ぐと考えました。

発酵乳の代表であるヨーグルトは、種々の獣乳を原料にして、乳酸桿菌、連鎖球菌、ビフィズス菌などによる乳酸発酵で作られます。メチニコフ以来、ヨーグルトの健康効果について、多くの研究がなされました。未だに色々な議論がありますが、臨床試験による証拠が次第に蓄積されつつあります。

現在では、発酵乳に含まれる菌以外にも、人の腸内に住み着く有用な微生物が発見されました。プロバイオティクスとしては、乳酸桿菌、ビフィズス菌、酵母、ある種の大腸菌や腸内球菌などがあります。プロバイオティクスを含む食品は、日本とヨーロッパで流行しています。

消化器などの人の身体には、数百種の微生物が住み着き、その数は百兆もあるとされ、大便一グラムには最大千億個を含みます。この微生物数は人間の細胞数60兆より多く、人にとって有用なものが多くあります。病原菌に対する免疫はまず人が菌に接触する必要があり、そして人が微生物と共生することができるようになることが健康にとって重要です。人の腸内細菌群の様相はかなり安定的で、抗生物質を飲んだり、食事の大きな変化などで一旦変わってもやがて元に戻ります。食べ

表5.8　プロバイオティクスに確認、または期待される健康効果

健康効果の対象	主張された作用機構
乳糖不耐性	細菌による乳糖の加水分解
腸内病原菌の抑制	免疫細胞の活性化、病原菌の腸内への定着阻害、pH低下などによる病原菌増殖の抑制、下痢防止など
腸ガンの防止	変異原物質の無毒化、発ガン物質の不活性化、胆汁からの発ガン物質生産の抑制
免疫系の調節	感染に対する防御力の強化、抗原への免疫作用強化
血中脂質、心臓病	コレステロールの菌体への吸収、抗酸化効果
小腸細菌過増殖抑制	結果として毒性物質生成の抑制、腸内環境を変えて有害菌の増殖抑制
高血圧の低下	乳タンパク質の分解でアンジオテンシン1転換酵素阻害
アレルギー	抗原の血液中への移行防止
尿道感染	尿道や膣への病原菌定着阻止
H.ピロリ菌感染	乳酸などによるピロリ菌阻害
肝臓病	腸内細菌のウレアーゼ生産阻害

られたプロバイオティクスは、在来菌より住み着きにくいので、しばらく増殖した後に排泄されます。

(2)　プロバイオティクスの効果

プロバイオティクスが、人の健康に本当に役立つのかどうかを、研究で確認することは大変難しく、その健康効果の研究はまだ不十分です。これは人を用いた徹底した研究ができないためです。それにもかかわらず、健康維持に効果的なプロバイオティクスの利用は重要と考えられています。高齢になると腸内の免疫系が弱まり、感染症にかかりやすくなるので、高齢者にとっての重要性が増しているためです。過去に感染症に対して、気軽に投与されてきた抗生物質は、時として健康に重大な脅威になることが分かってきました。下痢の抗生物質治療によって、多くの有害菌の日和見

感染が起こっています。このように抗生物質治療では、多くの腸内細菌が消滅し、人と共生関係にある腸内細菌相が破壊されてしまいます。このために、抗生物質に代わる別の治療法が必要になっています。

現在までに確かめられたり期待される、プロバイオティクスの効果は表5・8のとおりです。近年は大腸菌O-157やサルモネラ菌の感染、VREやMRSAなどの抗生物質（バンコマイシンとメチシリン）耐性菌の感染で、多くの犠牲者を出しています。このような事情から、摂取した天然の微生物で病気が防げるならば、安価で優れた健康対策と言えましょう。偽薬（プラセボ）を用いた研究の結果、乳糖不耐性の緩和、抗下痢効果は顕著でした。抗ガン効果と免疫活性化効果は有望ですが、さらに人での十分な研究が必要です。腸内細菌相の改善と、腸粘膜の免疫活性の強化が、プロバイオティクス健康効果の基礎とされています。

従来は腸内での菌の増殖と生存を、科学的に証明することが困難でしたが、遺伝子（DNA）の分析技術の進歩で、菌の生存確認ができるようになりました。これは、プロバイオティクスに独特なDNAを選んで、便中でのその存在を分析する方法です。ある研究で、アシドフィラス菌を含むとする商品二〇サンプルについて試験したところ、実際に便といっしょに排泄されたものは八種類だけでした。また、食べられたアシドフィラス菌の生存期間は一日強で、二日後にはゼロになりましたので、健康効果を期待するならば、毎日食べることが必要です。

牛乳・乳製品は生活習慣病予防効果は著しく、良好なカルシウム供給源です。日本人もチーズなどの乳製品消費を、もっと大きく増やすべきでしょう。

⑴　生活習慣病の一次予防で健康の自衛を

二〇〇〇年の世界保健機構（ＷＨＯ）の調査によると、日本人の無障害健康寿命（大きな病気を持たない寿命）は平均で七四・五歳です。いわゆる天寿「健康老死年齢」は、一〇〇～一二〇歳とされるので、長い人生を過ごさねばならない人もいます。高齢者の人生が有意義であり、「健康に老化し」、「健康なまま死ぬ」を達成することが望まれます。それには、ガン、心臓病、脳卒中などの生活習慣病を、いかに予防するかが問題です。検診によって病気が発見されてからでは遅く、生活習慣病にかかれば完治はありません。健やかに生きるためには、生活習慣病の一次予防が何よりも重要です。最大の予防法は、健康的な食生活、労働と楽しんでする運動など、健全な生活習慣の実行、わけても食事の摂りかたが大切です。

日本では、脳卒中は減ってきましたが、ガンと心臓病による死亡率が増え続けてきました。一方アメリカでは、一九七三年からの栄養政策で、近年は生活習慣病の罹患率と死亡率が減少しています。一九九七年の健康政策「ヘルシーピープル二〇〇〇」は、国民の健康を守り、医療費を節約して、社会に活力を与えるためのものでした。政策目的は、「生涯の中で健康な期間を延長する」、「国民の健康格差をなくす」、「病気予防のためのサービスが受けられる」の三点でした。市民の関心の高まりでライフスタイルが改善され、多くの具体的目標値のうち、特に心臓病、脳卒中、ガンの減少では、目標の六五％が達成できたとされます。現在は、二〇〇一年から二〇一〇年にわたる「ヘルシーピープル二〇一〇」が始まっています。

厚生労働省は、アメリカの成功例にならって「健康日本二一」を掲げ、二〇〇一年から疾病の一次予防に踏みだしました。しかし、地方への補助金予算はわずか一一億円で、大した効果は期待できないようです。日本の健康政策の欠陥は、積極的な病気予防策を行わず、病気の発見と治療が主体である点です。予防は最大の健康維持の手段で、その費用は医療よりはるかに安価で済みますから、健康保険制度をあれこれいじる前に、是非とも着手すべき課題です。高齢まで無病であっても、健康保険料の還付は受けられませんが、自分の健康は金銭に換えられない大切な事です。

(2)　なぜ牛乳・乳製品か

牛乳・乳製品の消費は、欧米諸国に比べてあまりにも少なく、健康のためにもっと消費を増やすことが望まれます。特に良質のタンパク質とカルシウムに富むチーズの消費が、欧米の十分の一に過ぎません。チーズからのカルシウム吸収は効率的で、育ち盛りの青少年や、閉経後の骨粗しょう症の防止、高齢者の骨と歯の健康維持などに最適なことは説明のとおりです。乳酸菌入りの発酵乳は、腸内の細菌相の改善の可能性の高い健康食です。バターは大変美味な食品であり、油脂中で最高のビタミンAを含みますが、消費はわずかです。

最初はすこし抵抗があっても、チーズは食べつければ味にも慣れおいしく摂れる食品です。日本に多量に輸入されているチェダーチーズを、一日一〇〇グラムを摂れば、カルシウムを八〇〇ミリグラム摂ることができます。チーズのビタミンAは牛乳の一〇倍もあります。日本の市販チーズ価格は欧米の二倍以上と高価ですが、それでも自由化でかなり安くなりました。タンパク質の栄養価で比較すれば、同じ価格のハムやソーセージの二倍以上になります。今後は健康のために、チーズをもっと食べるべきと考えます。

くり返しますが、牛乳・乳製品は幼児から老人までの大切な栄養源です。また、多くの加工食品、例えば、チョコレート、キャラメル、ケーキ、パン、スープなどの原料として、風味と栄養価の向上のために不可欠です。高齢者人口が世界一になった日本人は、健やかな人生のために、もっと多くの牛乳・乳製品を上手に食生活にとり入れるべきでしょう。

第6章　日本の酪農の現状と国際比較

日本の畜産の異常性（牛乳は間接的輸入品）

元来、牛や羊、山羊などを飼う目的は、天然や栽培した牧草を動物に食べさせ、それらから肉や乳、毛や皮を得ることでした。牧畜では、動物の栄養源はほとんど草で、そのエネルギーを肉や乳などに変えて利用してきました。カウボーイでなじみの深い、開拓時代のアメリカがそうですし、モンゴルや中央アジアの牧畜は、今でも草を追って羊を移動させます。現在このような本来の意味での畜産が行われている国は、ニュージーランドなど一部の国に限られます。また、イギリスなどでは、豚も広い農場で放し飼いにされ、自前で餌を食べています。

このように本来の酪農業は、草や人の消化しにくい雑穀のエネルギーを、乳に変える仕事でした。戦後は、アメリカやヨーロッパ諸国などで、農業生産の効率化が進み、多くの穀物が安価に得られるようになりました。そこで、濃厚な栄養素をもつ穀物が牧畜に用いられるようになり、効率的な乳牛の多頭飼育が始まりました。さらには効率化のために肉骨粉の利用が始まりました。

日本人の食糧は、カロリー自給率が四〇％で、穀物自給率が二七％と、先進国中では最も低率で

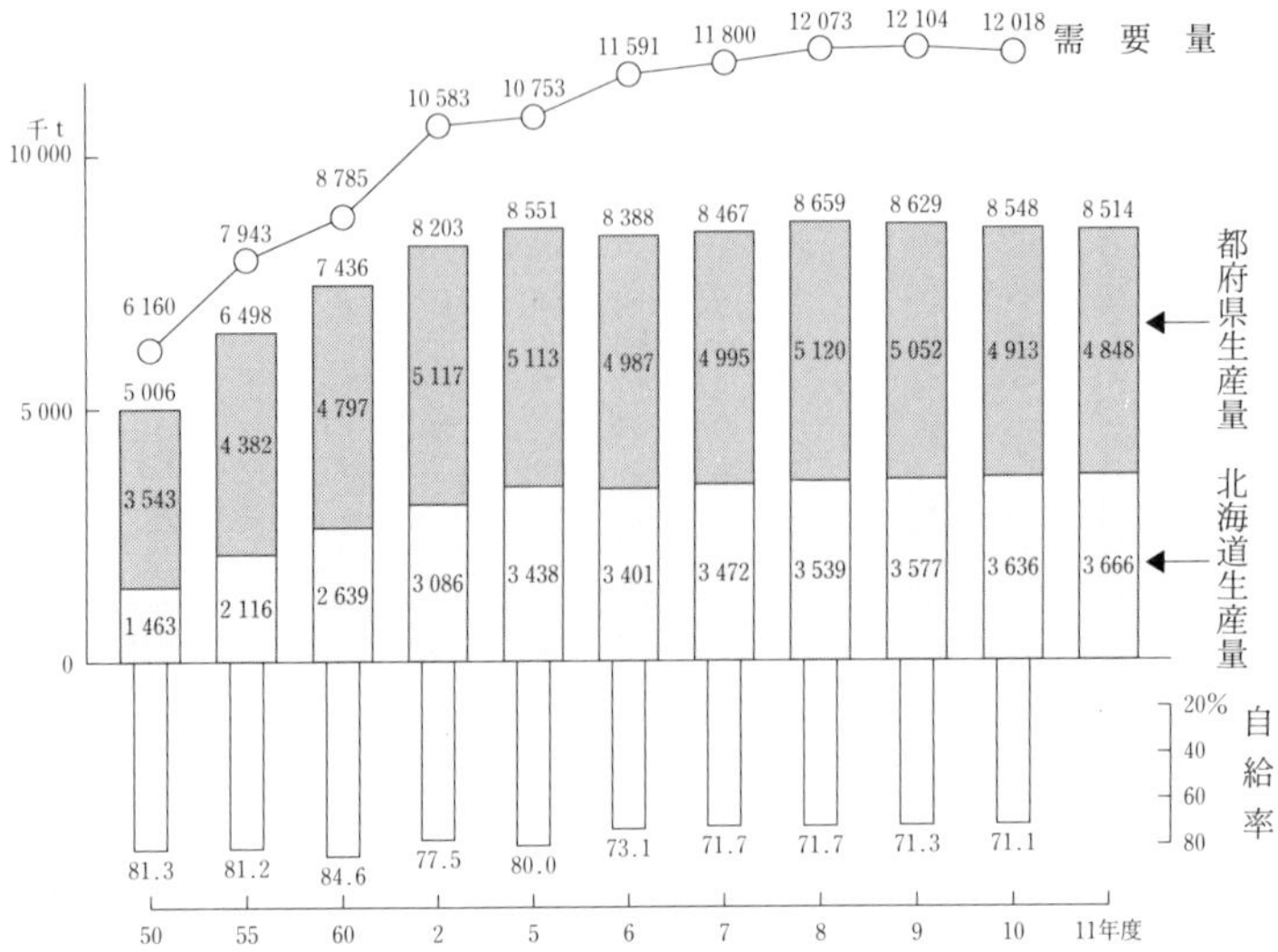

資料：農林水産省「食料需給表」「牛乳乳製品統計」

図 6.1　生乳需給の推移（北海道酪農試料）

す。同様に、養鶏を含めた畜産業の自給率は一七％です。

酪農では粗飼料といって、濃厚飼料の穀物以外に、牛に牧草を与える必要があります。北海道では牧草の自給率は高いのですが、北海道以外では青森、岩手、鹿児島の三県を除くと牧草が少なく、全量を輸入に頼っている地域もあります。ということは、特に北海道以外の飲用牛乳は間接輸入品であるということです。

それは、濃厚飼料から牧草まで、大部分の飼料を輸入に頼っているためです。酪農業は、草を乳に変えることで成り立ちますので、何とも奇妙な感じがします。

表 6.1　1999年度の主要国1人当たり飲用乳、バター、チーズ消費量(kg/人/年)と価格

国　名	飲用乳向け生乳(kg)	バター(1)	チーズ(2)	(1)+(2)
フィンランド	183	5.9	8.3	14.2
スウェーデン	148	1.4	17.2	18.6
デンマーク	134 [38]	1.7 [403]	17.9	19.6
オランダ	127 [35]	3.4 [375]	17.0 [G390]	20.4
ノルウェー	119	4.1	14.2	18.3
イギリス	117 [34]	3.0 [371]	10.6 [Ch397]	13.6
オーストラリア	103 [25]	2.7	10.8	13.5
アメリカ	99 [44]	1.9	14.2	16.1
フランス	94 [35]	8.3 [372]	23.7 [E589,C443]	32.0
ニュージーランド	96* [21]	7.5	8.7	16.20
ドイツ	91 [35]	6.7 [392]	20.9 [G358,E492]	27.6
カナダ	90 [47]	2.8	13.8	16.6
イタリア	85 [42]	2.3 [385]	20.1	22.4
ベルギー	82 [33]	6.1 [376]	16.2 [G379]	22.3
日　本	40 [82]	0.68 [931]	1.6 [C3000,G2500]	2.3

註：[　]内生乳生産者価格と卸売り価格（円換算価格、円/kg）一部は1998年、＊1995年、G；ゴーダ、E；エメンタール、Ch；チェダー、C；カマンベール

1　消費者と牛乳・乳製品

(1) 牛乳・乳製品の需要と供給

図6・1は日本の生乳の需要供給を示しています。乳製品は国産、輸入を含め全て原料の生乳に換算してあります。一九九八年の総需要量は約一二〇〇万トンで、この内八五五万トンが国産、その四三％が北海道産でした。輸入は三四五万トンでしたから、自給率は七一％です。生乳換算で輸入乳製品の五七％はチーズでした。二〇〇〇年では、総需要量一二七一万トン中、八四二万トンが国産、四三〇万トンが輸入で、チーズの輸入増加で生乳換算輸入量が増えました。

表6・1に、一九九九年の各国の国民一人当たりの年間牛乳・乳製品消費量、およ

び価格を示しました。消費量が上位の国に比べて、日本では牛乳が四分の一、チーズは十分の一程度と少ないこと、また牛乳・乳製品価格が非常に高いのが特徴です（円／ドルのレート変化で多少の価格差が起こります）。各国の牛乳・乳製品の生産者価格と、卸売り価格をカッコ内に示しました。牛乳・乳製品価格は他国の二～三倍で、ナチュラルチーズは六倍以上の高値です。消費者価格はさらに高くなります。しかしこの値段でも、牛乳・乳製品は、含まれる固形分の栄養価で比較すると、水分が多いハムなどの畜産食品（一グラム当たり二～三円）や魚介類に比べて、むしろ安価といえます。輸入自由化の後は、国産プロセスチーズの末端価格は、一グラム当たり一円程度に下がり買い得になりました。国内の食品価格は先進各国の約二倍ですから、タンパク質や脂質に換算した乳製品は決して割高とはいえません。

⑵　牛乳・乳製品価格の仕組み

日本の電化製品と乗用車の品質は高く、しかも世界中で、ほぼ最低の価格で買うことができます。ところが、卵などの例外を除くと、日本の食品価格は全般的に先進諸国の約二倍と大変高価です。最近はデフレと規制緩和の影響もあって、食品価格の下落が始まりました。食品に関してはデフレというより、国際価格水準への修正と言うべきでしょう。食品価格が高いことの主な原因は、国内農業の保護政策と、流通経費が割高なことによります。

消費者価格は、米が海外の五倍以上ですが、牛乳が約二倍、バターは三～五倍、ナチュラルチーズは四～一〇倍程度です。一九九三年のウルグアイラウンドの合意で、農産物の輸入が自由化されました。輸入自由化と聞けば、海外製品が安くなると思いがちです。しかし主要な乳製品は高率な関税のため、事実上は全く自由化されていません。その裏には農業保護のための複雑な政府の規制があります。

奇妙なことですが、実行関税が二九・八％で、輸入が完全に自由化されたナチュラルチーズは一向に安くならず、国際価格の五倍以上と異常な高値です。外国では、チーズと言えばナチュラルチーズを意味します。カマンベールなどのカビ系チーズなどは賞味期間が短いので、輸入品が高価になる理由は分かります。ゴーダチーズやチェダーチーズのように、かなり長持ちするものまでが高価な理由が分かりません。日本では多数派のプロセスチーズは、ナチュラルチーズから作られますが、かなり割安になりました。原因は規制です。国産チーズの製造を奨励する政策があり、国産ナチュラルチーズをプロセスチーズ原料に使うと、その量の二・五倍の輸入ナチュラルチーズが、無関税で割り当てられます。この制度と、大手メーカー間の競争が、割安の原因と見られます。

米は豊作と規制緩和で価格が下がりましたが、現在も酪農家と乳業会社には保護と規制が続き、価格が高値に維持されています。最近、新しい農業基本法が制定され、今後は改善されるはずですが、酪農保護政策の内容は素人には理解が難しい制度でした。この規制の内容は大きく分けて、(1)**乳製品価格の規制**（不足払い法：改定作業中二〇〇二年春現在）と、(2)**関税障壁**による実質的な輸入制限です。

なされていました。

筆者はこの本の執筆に当たって、北海道を中心に他の地域を含めて大小の酪農家を見学する機会を得ました。そこで驚いたことは、大部分の乳牛は「牛乳を生産する機械」としてあつかわれ、「産後は一生を牛舎で過ごす」ことでした。生物やその機能を利用する装置を、バイオリアクターといいます。牛はまさにこのバイオリアクターで、柵（バー）につながれて飼料を与えられ、大量の牛乳と同時に糞尿を作り出す生き物でした。牛にある程度の運動の機会を与えるフリーバー飼育も、牛舎内の運動が可能なフリーストール飼育も、多少は牛のストレスは減るでしょうが大同小異に思えました。さらに、多頭飼育では糞尿処理が大問題で、現在の補助金がなくなり完全に汚染者負担になれば、経営不能になる牧場もでると思われます。

もう一つ驚いたことは、濃厚飼料はもとより、粗飼料（牧草）までが輸入品であることでした。全国の粗飼料の三分の二は北海道で生産され自給されていますが、それ以外の地域での粗飼料自給率は半分程度で、千葉県のような酪農県でも、牧草地を全く持たない牧場が三〇%程度もあります。都市近郊の酪農家では、乾草が年間六二〇万トンも輸入されています。この状況は、もはや酪農業とは言えません。二〇〇〇年春に九二年ぶりに発生した口蹄疫は、幸にして伝染の拡大を免れましたが、原因は中国からの輸入牧草とされました。

日本の食料エネルギー自給率は四一%で、穀物自給率は二七%です。日本は年間約三二〇〇万トンの穀物類を輸入し、その半分を畜産に用います。畜産物の五六%が輸入穀物で飼育された家畜に

表6.2　主要酪農国の一戸当たり乳牛飼育頭数と一頭当たり搾乳量

国　名	年次	一戸当たり飼育頭数			一頭当たり搾乳量（kg/年）			
		1987年	1991年	1995	1987年	1991年	1995年	2000年
ベルギー			28	32	4 018	4 422	4 800	5 200
デンマーク		31	37	43	5 949	6 212	6 728	7 100
ド イ ツ		16	17	25	4 284	4 831	5 427	6 110
ギリシャ		3	5	6	2 785	2 872	3 690	3 750
スペイン		7	8	11	5 738	4 070	4 381	4 850
フランス		20	25	29	4 269	5 093	5 670	5 660
アイルランド		21	24	30	3 707	3 830	4 437	
イタリア		10	13	19	4 325	4 148	4 780	5 200
オランダ		38	40	44	5 650	6 224	6 613	7 416
ポルトガル		4	4	4	3 720	4 018	4 800	5 400
イギリス		62	65	72	4 878	5 287	5 455	6 235
アメリカ		44		84	6 260	6 744	7 454	8 257
カ ナ ダ			35		5 573	5 490	6 207	7 335
オーストラリア		97	110	133	3 607	4 219	4 864	5 150
ニュージーランド		151	170	198	3 323	3 276	3 390	
日　　本		27	34	44	5 869	6 500	6 987	7 457
(北海道)		49	60	74	6 202	6 881	7 194	7 065

北海道酪農・畜産関係資料2000年版、日本乳業年鑑2002年版から作成

よってで生産され、二七％が肉などの直接輸入です。そうすると国産飼料による畜産物の自給率は一七％に過ぎません。このような輸入依存の畜産と酪農は、多分日本以外には存在しない不自然で不合理なものでありましょう。狂牛病や口蹄疫騒ぎの原因も、輸入飼料に依存する畜産・酪農が原因です。将来は食糧不足が懸念され、この状況が長続きするとは思えないというのが率直な感想です。

(2)　日本酪農のどこが酪農先進国と異なるか

表6・2に、世界各国の酪農家の一戸当たり乳牛飼養頭数（搾乳牛＋

表 6.3　各国酪農の規模と経済性（1995年）

	生乳の生産者価格(円/kg)	一戸の飼育頭数	一頭の搾乳量(kg)
デンマーク	38	43	6 728
ド イ ツ	37	25	5 427
フランス	35	29	5 670
オランダ	38	44	6 613
オーストラリア	20	133	4 864
ニュージーランド	20	198	3 390
北 海 道	約80	74	7 194

育成牛）と、一頭当たり搾乳量の変化を示しました。

飼養頭数では、北海道はアメリカ、イギリス並ですし、全国平均でも酪農国のオランダ、デンマークと同程度で、ドイツ、フランスよりも多数です。放牧が主体のニュージーランドなどを除くと、ほぼ例外なく搾乳量が増えているのは、濃厚飼料の影響とみられます。各国とも粗飼料（牧草）は自給しているので、比較では北海道の例を取り上げました。

表6・3はEUの酪農国と、乳製品大量輸出国のニュージーランドとオーストラリアの、生乳生産者価格、酪農規模および搾乳量を示します。生乳の生産者価格は、EUでは北海道の半分以下、ニュージーランドとオーストラリアは二〇円にすぎません。ニュージーランド酪農では、粗放による効率的な牧畜が低価格の理由ですから、日本やEUとの比較は無理でしょう。

EU諸国と北海道との比較では、日本側の高値の理由は次のようなものと推定されます。

① 日本の食料と第三次産業関連費用が全般的に高価である。

② 国民一人当たり国内総生産金額（所得比例する）がEUの

二倍弱。

③ 北海道の主要酪農産地の歴史が浅く、特に近年の規模拡大投資資金が回収されていない（規模拡大が性急過ぎた）。

逆にEU側の安価な理由は次のようなものと推定されます。

① 先祖からの農地と施設を継承し、長年の間に獲得したノウハウを生かして、小規模で適正な営農を行っている。

② 酪農家がチーズ加工などで付加価値を増し、他の農業との複合経営が多い。

③ 一般農家と酪農家が村落中に混在し、飼料原料の入手と、糞尿廃棄物の農地還元が容易である。

日本酪農の変化は大変急速でした。過去三〇年で、酪農家の乳牛飼育頭数は一〇倍弱、濃厚飼料の給与量は約二倍に、一頭当たりの乳量は二倍弱になっています。この間に一貫していた経営の方向は、「多頭飼育は生産性を向上させ、濃厚飼料の供与は乳量を増す」ということで、補助金を与えた国と農協が経営拡大を支援しました。このように効率化された酪農経営で、従来は六回程度は妊娠させた乳牛は、現在二～三回で役目を終わり肉にされます。

乳牛に穀物一キログラムを与えると、牛乳が約二キログラムできるとされます。輸入穀物（コーン）の国際価格は各国で大差ありません。日本の乳価は約八〇円で、コーンを主にする配合濃厚飼料は約四〇円ですから、80×2－40＝120 で、単純には差し引き一二〇円の得になります。EUの乳価は約三七円で、差引勘定は三四円のプラスですから、濃厚飼料多用は牛を酷使するだけで、あまりメリットはありません。乳価二〇円では差し引きゼロになります。

現在北海道では、乳牛一頭当たり年間約八トンの生乳が生産されます。この生産のために、三トンの配合飼料が乳牛に与えられて六トンの生乳になり、残りの二トンは粗飼料（牧草）によるとされます。これはマイペース酪農の主導で有名な、中標津の三友盛行氏の話です。また、粗飼料だけで飼育すると、乳量は年間四～四・五トン程度とされます。子牛飼育も雌牛にまかせれば、乳量は年間四トン以下になります。

配合飼料の原料は、コーンなどの輸入穀物、搾油後の大豆粕となたね粕、乾燥した動物粉などです。特に主成分のコーンは年間一六〇〇万トンが、主にアメリカから輸入されています。配合飼料原料はほぼ全てが輸入品ですから、国産牛乳と畜産物は間接的輸入品です。以上の実態が、日本酪農（畜産）が世界の酪農（畜産）と決定的に異なる点です。

第7章　自然を利用した本来の酪農（畜産）

―日本酪農の改革は始まっている

前章で触れたように、日本の酪農（畜産）の環境は大変難しい状況にあります。現在の人口爆発と地球環境の劣化から、近い将来には、安価な食糧を自由に輸入できない状況が予測されます。そうなれば否応なしに、新しい合理的な日本型酪農（畜産）の展開が進むでしょう。また二〇〇一～二〇〇二年の狂牛病事件が、現状の酪農に対する反省の機会を農家に与えたに違いありません。すでに食肉の輸入自由化では、輸入が増えて牛肉の価格が下がり、飼育法の工夫や大規模な山地畜産が始まるなど、国内畜産の国際競争力が高まりつつあります。酪農分野でもこのような努力が必要でしょう。

一方この章で述べるように、かなり有効な解決策が、何人かの先覚者によって進められています。どのような世の中にも先見性のある賢者がいて、人に馬鹿にされようと、変人扱いされようと、自説を曲げずに貫くことで、後の世に評価されるものです。しかし、逆立ちした日本酪農の改革については、それほど大げさなことではありません。原理原則を尊重して、その地域の風土に合った合理的な方法を、工夫するだけのことと思われるからです。そのためには、過去の実例、環境が日本に似た諸外国の例、現に行われている先覚者の例など、多くの参考事例があるはずです。ここでは、筆者が感銘を受けた日本の三つの実例と、ニュージーランドの酪農・畜産を紹介します。

1　マイペース酪農 三友牧場

北海道の東端、根釧台地の東北端に中標津町があります。ここは人口二万三千人、乳牛四万頭、酪農家五〇〇戸の酪農地域です。牧場主の三友盛行氏夫妻は東京浅草生まれで、一九六八年に酪農経験ゼロでこの地に入植しました。投資は全て借金で、開墾と草地造成の結果、現在は農場五〇ヘクタール、経産牛四〇頭、育成牛二〇頭、年間乳量二〇〇トンの経営をしています。また、一九九三年から六年間、中標津農協組合長を務めました。最近は夫人がチーズ工房を経営しています。同氏も最初は規模拡大を心がけたそうですが、何事も八〇％と、営農を適正規模に止めたことが特徴でした。このため、生産量は少なくても所得率は一般酪農家の二倍であるといわれます。

一頭当たりの搾乳量は北海道平均で八〇〇〇キログラムですが、三友牧場は五五〇〇キログラム程度です。普通の牧場では、配合飼料を年間平均三トン強与えますが、同牧場では配合飼料とビートパルプ合計で約一トンです。北海道平均との差は、粗飼料（牧草）利用の差にあります。夏場の六か月は完全な昼夜放牧で、冬は乾草で飼育し配合飼料は補助的に用います。機械類は平均二〇年間使い、施設も原価消却済みで、しかも働くのは牛であり、人は自然の循環の手助けをするだけです。根釧地域での生乳生産のコストは大きい順に、飼料費、資材燃料費、出荷手数料、修理償却費、肥料費などですが、三友牧場では無駄と無理のない経営で、これらの費用の全てが平均額の二五〜三〇%程度といいます。

完熟堆肥と腐らせた尿を全て草地に還元し、牧草地は入植以来一度も耕していません。放牧地は牛の糞尿だけが肥料で、資材費などの節約のためできるだけ牛に働いてもらいます。普通は二、三回の出産後に廃牛にするのを、五回以上出産させ、元気な牛は十年以上搾乳します。自然に近い無理のない飼育で、牛は健康で乳房炎はほとんど起こらないそうです。放牧地の牛糞は表面が乾いて、中にはミミズや多種類の昆虫やクモが住み、多様な生態系が息づいています。

牛は見かけによらず美食家で、餌は必ず旨いものから食べるとのことです。そこで、配合飼料があればそれがなくなるまで食べ、次いで青草を好み、サイレージ飼料は乾草より好まれます。青草では生乳は薄くなります。配合飼料を増やすと乳の濃度は高まりますが、牛の生理状態は自然でなくなり、食いだめ装置の第一胃は退化して、肥満で病気がちになります。生乳の買上げ価格は、成分の濃さで決まります。配合飼料が少ない三友牧場の成分は、乳固形分も乳脂肪も少なく、買上げ価格は一般より三〜四円は安いのですが、トータルで見ると手取りははるかに多くなるとのことです。

三友氏の哲学と技術は、「マイペース酪農」（農文協刊）に詳しく述べられています。要は地域の風土に適合して、地から得たものを地に返し、自然の循環の手助けを営農の基本にすることと思わ

三友さん

乾草置場（サイレージはない）

30年間耕したことのない草地と、13歳のボス牛

写真7.1　三友牧場（中標別）の風景

れます。しかもゆとりをもって、十分生活を楽しむこと、人と関わることを説いています。同氏の提唱でマイペース酪農の仲間が増えているのは、日本酪農の一つの行方を示すものであり、喜ばしいことに思えます。

2　通年放牧で全てが自然な中洞牧場

中洞牧場は通年放牧で牛まかせの山地酪農の例です。牧場主の中洞正氏は岩手県宮古市生まれ、岩泉町の北上山地で、農用地開発公団が募集した建売り牧場を、借金で購入して一九八四年に入植しました。五〇ヘクタールの疎林を交えた牧草地に、全数約四〇頭の乳牛が飼われており、隣町の田老町の国道沿いに、小さなミルクプラントを経営しています。入植の動機は在学中の、「山地酪農」の提唱者、楢原享爾教授の教えであったそうです。日本では昔から農耕、運搬と肥料のために牛馬が飼われていました。各地に山地を主にする牛育成の放牧場があり、野芝を主にする草地がありました。中洞氏は、「全く自然の状態で乳牛を飼い、牛から乳を搾らせてもらう」と考えています。

入植した当初は借金返済のために、飼育頭数の増加と乳量増に努めましたが、初志を貫いて牛群の完全通年放牧に成功しました。それまでには、夫人と共に大変な努力を重ねたとのことです。最初は冬を除く日中放牧から始めて牛を放牧に慣らせ、試行錯誤の末に、今では牛は草探し、交配、分娩、初期の子育てまで、全て自分らでするようになったそうです。サイロは使いませんが、冬の補給用の乾草は牧草地で刈り入れ保存します。牛舎には子牛が二匹いるだけで、乳牛は朝夕二回搾乳してもらうために牛舎に戻ります。冬でも牛は野外ですから世話いらずで、牧場維持は男手一人でやっています。中洞牧場はすでに美しい疎林と草地になっており、牛の往来で木の下枝はなくなり、下草刈りは一切不要とのことです。牧場の景観は和牛の在来型野芝牧場とそっくりに思えました。

一頭当たりの搾乳量は少なく、年間三〇〇〇〜四〇〇〇キログラムとのことでした。この量はニュージーランド並です。配合飼料がゼロなため、夏の乳成分は薄く、法律で定める乳脂肪分三%、無脂乳固形分八%にぎりぎりで、農協に買いたたかれて困ったそうです。そこで同氏は自立のため自分で牛乳工場を作り、日産三〇〇キログラムのプラントで、六三℃三〇分の低温殺菌牛乳をびん

中洞さん

ミルクプラント

有機飼育

写真7.2　中洞牧場（岩手）の風景

詰で製造しています。七二〇ミリリットルで四一〇円の宅配牛乳は、宮古地区の需要では限られるので、宅配便で関西、関東地区に販売しています。牛乳に加糖したアイスミルクの製造販売もしていました。

仲間なしで一人で始めるということがどれだけ大変か、同氏の健闘に全く頭が下がりました。せめて北上地区に、類似する経営の牧場が五軒か一〇軒できれば、特産有機牛乳として、もっと安価に全国展開もできるでしょう。中洞牧場に代表される酪農経営は、過去の和牛では珍しいことではありません。風土と動物と人との調和の、持続性ある営農形態として、今後は次第に広まると考えられます。

高知県南国市にも山地酪農の斉藤牧場がありますが、ここでは高知市の乳業会社に依託して、低温殺菌牛乳を販売しています。

3　チーズを作る農場、共働学舎新得農場

三万七千トンの国産ナチュラルチーズのほぼ全量が、北海道で製造されます。国産チーズの振興策による奨励金制度もあって、農家による特徴あるチーズ作りが増加中です。もちろん大部分は大手乳業会社が製造しますが、製品は画一的になります。酪農家によるチーズは、地酒や地ビールと同じように、特産品として愛好家が広まっています。

新得町は日高山脈の狩勝峠を越えた東麓にあり、十勝平野の玄関になっています。共働学舎は心身に困難を抱えた人々が、自主的に労働し生活する組織で、新得農場はその四番目の農場です。約六〇ヘクタールの土地で、五〇名の人々が米と果実、魚以外の食物は、全て有機農法で自給しています。乳牛四〇頭弱、他に約六〇頭の育成牛や肉牛、養鶏、放牧の肥育豚と羊の飼養も行っています。放牧地と採草地は四五ヘクタールで、町から無償貸与されているとのことでした。

代表の宮崎望氏は五〇歳の働き盛りの方で、アメリカで酪農実習と大学院教育を受けました。このような小規模農園で五〇人は養えません。同氏は学舎の経営は規模拡大によらず、適正規模での付加価値の拡大と考え、特徴あるチーズの自家製造を選んだとのことです。ヨーロッパのチーズやワインに、村などの地名をつける「産地呼称制度」があるように、小規模生産には強みがあります。農家や小組織では自分の工夫次第で、種々な製品を少量多品種生産でき、特徴ある優良品を作れば

チーズ工場

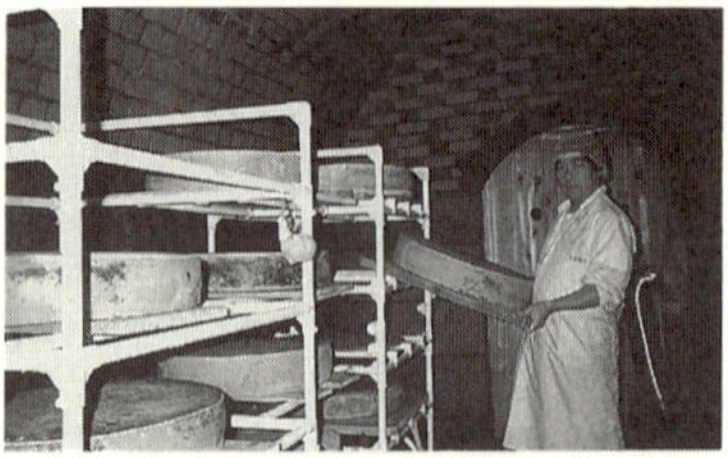

宮崎さんとチーズ室

ホルスタインとブラウンスイス

写真 7.3　共働学舎新得牧場の風景

高価で販売ができます。同氏はフランスに学び、アルザスのチーズ協会長を日本に招いて、グループで研鑽を積んだとのことです。現在十勝地区にはチーズ工房が五か所あり、個性的な農家製チーズの販売が行われています。

学舎の特徴は、山地に強く乳質がチーズ作りに適した、ブラウンスイス種が半数近く飼育されていることです。生乳の品質を損なうポンプ輸送を一切行わない、牛舎その他に炭を多用する、牛舎の床はおがくずと敷きわらで覆い乳酸発酵をさせ清浄を保つ、チーズの熟成は地下のむろで行う、など随所に工夫がなされていました。

宮崎氏のように、古い伝統のあるヨーロッパの乳製品に学び、産地の風土に適した製品を作ることも、一つの日本酪農の将来像と言えましょう。

4　酪農・畜産国ニュージーランド

ニュージーランドは、南半球の南緯三四度から四七度に位置し、日本よりやや緯度が高めで、夏と冬が日本と逆になります。日本との時差は三時間で日付け変更線に近く、世界で最も早く朝が来る国です。国土は南北の二島からなり、国土面積は日本の七〇%ですが、人口はわずか三八〇万人と横浜市と横須賀市を合わせた数に過ぎません。日本の人口密度は一平方キロメートルあたり三三五人ですが、この国はわずか一四人です。

夏は涼しく冬が暖かく、温帯の植物成育に適しており、平地には氷雪を見ません。農業地は国土の五八%で日本の三・三倍もあり、その九割の五二%が牧草地です。現在の耕作地は一%未満とまだまだわずかです。東海岸は雨量が少ないのですが、河川に恵まれた農耕の適地であり、有機栽培が活発になってきました。

酪農・畜産業はこの国の最大の産業です。二〇〇一年度に、同国の全輸出額三一九億NZドル(約一・七六兆円)のうち、乳製品の輸出額は二二%、肉類は一三%を占めました。毎年乳製品の生産量が増加しており、世界輸出量の約四〇%を占めます。表7・1はニュージーランドの酪農・畜産業の規模を示しました。二〇〇〇年には、育成牛を含めて、乳牛四三二万頭、肉牛四六四万頭、羊四五〇〇万頭が飼育されました。家畜数は人口対比で、牛は二・四倍、羊は一二倍になります。

表7.1　ニュージーランドの酪農・畜産業の規模

品　　目	1999年	2000年	2001年
バター（千トン）	320	350	391
チーズ（千トン）	239	297	254
食　肉（千トン）	1 130	1 159	1 209
動　物			
牛　（千頭）	8 960	9 017	9 274
羊　（千頭）	45 956	45 379	43 987

年度は各年の６月末で終わる　　　政府統計資料から

肉鹿は二〇〇万頭弱で、羊が減り鹿が増加中です。

この国では、おそらく世界で最も自然で合理的な畜産が行われています。羊も牛も、柵でいくつにも区切られた牧場の中に放牧され、草の成育状況によって移動させられます。そこで家畜のいない牧草地が大部分です。牧場はほとんどすべてが通年放牧で、家畜舎はありません。乳牛は朝夕搾乳してもらいにミルクパーラーにやってきますが、羊や肉牛はすべて放牧場で暮らしています。有機的な酪農では、牧草地は開墾して牧草の種子を撒いた後は、五〇年はそのままで手をつけません。

農家は基本的に家族経営で、乳牛では一戸当たり平均で一二六頭を、平均一七七ヘクタールの土地で飼育します。中には一人で二五〇頭もの乳牛放牧をする例もあります。肉牛は平均九一頭の飼育で、羊農家は平均千百頭を二五〇ヘクタールで飼育しています。退職後に羊農家になる人もおり、夫婦と犬数頭で千頭程度の羊を管理し、年に二回専門の羊毛刈り職人を雇います。集乳と乳製品生産の関係で、酪農は都市近郊で発達し、人口の集中する北島で盛んです。肉牛と羊の畜産業は過疎地の南島で多く見られます。

表 7.2　ニュージーランドの乳製品生産量（トン）(1997-99年)

年　度*	1997年	1998年	1999年
バター	291 789	270 929	232 948
無水バター	59 098	72 729	84 527
凍結クリーム	11 069	4 273	8 198
チーズ	253 638	265 635	238 535
全脂粉乳	337 854	355 871	347 308
栄養食品	36 162	40 522	34 705
脱脂粉乳	192 267	177 573	172 611
バターミルク粉	32 710	37 770	30 371
カゼイン製品	92 157	103 659	86 653
乳　糖	6 015	29 213	29 578
ホエータンパク	20 746	21 703	22 017
その他	55 667	61 029	90 019
合　計	1 389 172	1 440 906	1 377 470

＊年度は7月に始まり6月に終わる

生乳生産は二〇〇〇年に一二五〇万トン以上になり、その大部分が乳製品に加工され輸出されます。表7・2は、一九九九年までの同国の乳製品生産を示します。乳業会社は酪農協同組合が出資し、全国に二五工場があります。会社は農民が選んだ経営者によって運営されます。農民は生乳を固形分比例の価格で乳業会社に売り、会社は年度末の損益状況で、農民に利益の還元か損失補填を求めます。生産者価格はキログラムあたり約二〇円で、行政の保護はありません。この低価格を可能にしているのは、自然と牛の生態系を合理的に利用しているためです。写真7・3は、人も牛もゆったりと暮らす、ニュージーランドの牧場風景です。

牧場が区分されている南島（カンタベリー郡）

カンタベリー郡南部の丘陵地，牧場の大きく柵（金網）で区分されている

南島　オタゴ郡　ダニーデン付近の牧場

北島　オークランド南部の羊/牛/馬　混合牧場

写真7.4　ニュージランドの牧場風景

5　輸入濃厚飼料によらない本来の畜産・酪農を―油断の国、日本

世界の人口は二〇二〇年に七六億人、二〇三〇には八一億人になると予測されます。日本にとって、図7・1、7・2はショッキングで、大変な不安をつのらせることでしょう。

世界人口の一人当たり穀物収穫面積は減少し続けており、過去五〇年間に半分になりました。この傾向が続くと、今後三〇年で一人当たりの面積は限りなくゼロに近づきます。そして人口一億人以上の国で、日本の穀物自給率は並はずれて低位にあります。かつては輸入大国であったイギリスを含めて、ヨーロッパの主要国はすべて穀物輸出国です。日本の二、三十年先の食糧安全対策は、今すぐ着手しておく必要があります。食糧確保の問題は、日本が確立しておくべき根幹的な政策課題です。「油断」どころではなく、「食断」は断じて避けなければなりません。

日本の食糧自給率は、エネルギーで四一％、食用穀物で二八％、穀物全体で二三％に過ぎません。畜産と酪農のために、米生産量の一・五倍以上、年間一五〇〇万トンもの穀物が輸入されています。三〇年前にアメリカでは、大豆が不作になり、ニクソン大統領による大豆輸出禁止令が出されました。このため日本では、大豆不足から豆腐の値段が数倍に高騰しました。近年の世界的天候異変から、近い将来に、このような事態が起こらない保証は全くありません。穀物不足となれば直ちに国際価格が暴騰し、酪農・畜産業だけでなく、消費者は大きな打撃を受けます。

本来の酪農体系から逸脱して濃厚飼料を多用し、効率と利潤を追求した結果が狂牛病につながり

は、耕耘機や軽トラックが普及した一九六〇年代からです。一九五五年の和牛頭数は二六四万頭で、現在の乳牛の一・五倍の牛が飼われ、役割を終えて肉にされました。

牛を育てるため、村々には昔から和牛の放牧地があり、また草を刈る入会地《いりあいち》がありました。牛は山林で飼うことができます。日本の山地で牛が放牧されると、やがてその土地の植物相は野芝《のしば》を主にする草地になります。和牛の放牧は一旦は減少しましたが、最近は山地や過疎地の離農耕地などでの野芝放牧が再開され、数百頭の飼育など多くの成功例が報告されています。

日本の国土の六一％は山地で一二％が丘陵地です。この地帯の大部分は森林で、国土の六六％に相当します。戦後は多くの荒れ地や入会地などの草原がありましたが、国策として植林が進められ、採草放牧地は国土の〇・二％以下に減少しました。反面、森林資源の利用は進まず、山は荒れ、日本の林業は危機状態を続けています。不便な山間地（中山間地域）の過疎化が進み、農民の高齢化で農地の放棄が増えています。一方、日本中の社会基盤は充実し、どんな山中の集落にも舗装道路が整備され、また林道網も整備されています。この優れた条件を生かす方法は、山地酪農と山地畜産の振興です。広大な面積に植林された杉を減らし、花粉アレルギーの軽減にもつながりましょう。

このように、山地の森林や中山間地域の過疎地に着目すれば、畜産・酪農改革に関する一つの答えが出ています。すでに、全国至る所でローリー車による集乳が可能です。本来の酪農を志向する北海道以外の酪農家は、山地や山間部に移転すべきでしょう。もう一つの答えは、地域内での、通常農家と、畜産・酪農家の合理的な共存関係です。ここでは収穫後に廃棄や焼却される事の多い植物体の利用と、持続可能な廃棄物の有機的循環が可能になるからです。すでにこの種の実例が報告されていますし、高齢化・過疎化による農業の荒廃を防ぐ有効で合理的な手段と考えます。さらに三割にもなる休耕田で、餌米を作ることもできます。

日本の耕地は国土の一三％ですが、同じ山岳国のスイスは、耕地が二四％で採草地は一四％もあります。スイスでは傾斜地が実によく利用されています。しかし、気候の温暖な日本の内地では、スイスの真似をすることはありません。森林にされた山地での放牧で、疎林や草地の牧場にすることは容易です。

この規制緩和の時代に、外国から安い乳製品が買えるのに、「高価な国産乳製品を買わされることはない」と消費者が思って当然です。このようなことを熱心に主張したら、国中の酪農家と農協、乳業会社は猛反発するに違いありません。しかし世界的に見れば、このような不合理がいつまでも続くとは思えません。輸入飼料を牛乳・乳製品に変えるよりも、それを輸入する方がはるかに合理的だからです。食肉の輸入自由化で起きた、畜産農家の多くの工夫と改革も参考になります。

素人の考えはこの程度が限界です。しかし、規制緩和と地方自治の時代になりました。現状に安住せず、理にかなった希望のある将来を築くには、人をあてにしないで、自らの才覚と努力で道を開く以外の方法はないと思います。政府には優秀で熱意のある官僚がいますし、農水省も新しい農業の振興策を掲げました。酪農家自身が積極的に動くことで、やがては中央、地方の行政も後押ししてくれるはずです。国産米の二倍近く、大量に輸入される飼料用作物の多くを、途上国への食用作物に換えることができます。日本の肉牛飼育と酪農の改革は、単に国民のためだけでなく、世界にも貢献できる道であると信じます。

参考文献

この本の執筆については、以下の参考書と文献を参考にさせて頂きました。ここで、著作者の皆様に感謝を捧げます。

第1章

（1）足立達「牛乳－生乳から乳製品まで」、柴田書店（１９８０）。

（2）P.F. Fox edt., Advanced dairy chemisitry vol. 1, Proteins, Elsevier Science Publisher, (1992).

（3）P.F. Fox edt., Advanced dairy chemisitry vol. 2, Lipids, Chapman & Hall (1995).

（4）O.R. Fennema ed., Food Chemistry 3rd edn., Marcel Dekker, Inc., New York (1996).

（5）H.-D.Belitz and W.Grosch, Food Chemistry 2nd edn. (Traslation from the 4th German edn.) Springer-Verlag, Berlin, (1999).

（6）G. Meadow, The New Zealand guide to cattle breeds, Reed Publishing (NZ) Ltd. (1996).

(7) 中村靖彦、「狂牛病－人類への警鐘」、岩波新書(２００１)。
(8) D.M. Taylor *et al.*, Absence of disease in mice receiving milk from cows with BSE, *Vet. Rec.*, **136**, 592 (1995).
(9) 社団法人日本乳業協会、「日本乳業年鑑２０００～２００２年版」(２０００、２００１、２００２)。
(10) 山内邦男、横山健吉編、「ミルク総合事典」、朝倉書店(１９９２)。

第２章および第３章

(1) 矢野恒太記念会編、「日本国勢図会、各年度版」、国勢社
(2) 矢野恒太記念会編、「世界国勢図会、各年度版」、国勢社
(3) ポケット農林水産統計２００１、農水省統計情報部（２００１)。
(4) 足立達「牛乳－生乳から乳製品まで」、柴田書店（１９８０)。
(5) R. Early ed., The technology of dairy products, 2nd edn., Blackie Academic & Professional, London, (1998).
(6) 斉藤邦樹、「本物の牛乳を」、三一書房（１９８６)。
(7) 山内邦男、横山健吉編、「ミルク総合事典」、朝倉書店（１９９２)。
(8) 野口洋介、「牛乳・乳製品の知識」、幸書房（１９９８)。

(9) International Dairy Federation, Bulletin, New monograph on UHT milk 1981, p.49-70

(10) K. Schrader, W. Buchheim and C.V. Morr, High pressure on the colloidal calcium phosphate and the structural integrity of micellar casein in milk. Part 1, *Nahrung*, **41**, 133-138 (1997).

(11) E.E. Hardy, *et al.*, Changes of calcium phosphate and heat stability during manufacture of sterilized concentrated milk, *J. Dairy Sci.*, **67**, 1666-1672 (1984).

(12) T.J.M. Jeurink and K.G. de Kruif, Calcium concentration in milk in relation to heat stability and fouling, *Netherlands Milk & Dairy J.*, **49**, 151-165 (1995).

(13) 坂井堅太郎ほか、市販加熱殺菌牛乳のβ-ラクトグロブリンの消化性と抗原性の変化、日本栄養食糧学会大会報告（１９９８）、p.２７６

(14) N. Hassan, M. Sugano, *et al.*, Comparison of beta-lactoglobulin content in dairy products by inhibition ELISA and immunoblotting, *Food Sci. Technol.* Int. Tokyo, **3**, 56-60 (1997).

(15) C.G. Feng and A.M. Collins, Pasteurisation and homogenisation of milk enhances the immunogenicity of milk plasma in a rat model, *Food Agric. Immunology*, **11**, 251-258 (1999).

(16) H. Korhonen, *et al.*, Impact on processing on bioactive proteins and peptides, *Trends in Food Sci. & Technol.*, **9**, 307-319 (1998).

(17) 岩附慧二ら、牛乳の官能特性に及ぼす殺菌法の影響、食科工、**46**, 535, 589 (1999).

(18) 岩附慧二ら、UHT牛乳の官能特性に及ぼす殺菌温度の影響、食科工、**47**, 538-543 (2000).

(19) 下野勝映、下村正巳、牛乳の加熱変化、特にタンパク質とカルシウムの変化について、乳技協資料、**33**, (2), 1-11 (1983).

(20) F - J. Marales, C. Romero and S. Jimenez - Perez, Characterization of indusutrial processed milk by analysis of heat - induced changes, *International J. Food Sci. and Technol.*, **35**, 193-200 (2000).

(21) R.A. Wilbey, Estimating the degree of heat treatment given to milk, *J. Soc. Dairy Technol.*, **49**, 109-112 (1996).

(22) R.V. Renterghem and J.D. Block, Furosine in consumption milk and milk powders, *Int. Dairy J.*, **6**, 371-382 (1996).

(23) N.Corzo, *et al.*, Changes in furosine and proteins of UHT - treated milks stored at high ambient temperatures, *Z. Lebensmittel - Untersuchung und Forschung*, **198**, 302 - 306(1994).

(24) R. Sieber,Verhalten der Vitmine wahrend der Lagerung von UHT - Milch, *Mitt.*

Gebiete Lebensm. Hyg., **80**, 469-489 (1989).

(25) E.E. Oamen, *et al.*, Effect of Ultra - High Temperature steam injection processing and aseptic storage on labile water - soluble vitamins in milk, *Dairy Sci.*, **72**, 614 - 619 (1889).

(26) 乳技協、ロングライフミルクの品質に関する調査研究、乳技協資料、**33**,(5), 30-40(1984).

(27) 湧口浩也ほか、LL牛乳の最近の状況、ジャパンフードサイエンス、**26**,(7), 49-58 (1987).

(28) F. Gorner und R. Uherva, Retention von einigen Vitaminen wahrend der Ultrahocherhitzug von Milch, *Die Nahrung*, **24**, 713-718 (1980).

(29) I. Andersson and R. Oste, Loss of ascorbic acid,folacin and B_{12} and changes in oxygen content of UHT milk, *Milchwissenschaft*, **47**, 233-234, 299-302 (1992).

(30) J.H. Nielsen, *et al.*, Oxidation of ascorbate in raw milk induced by Enzymes, *J. Agric. Food Chem.*, **49**, 2998-3003 (2001).

(31) J.E. O'Connel, *et al.*, Ethanol - dependent heat - induced dissociation of caseine micelles, *J. Agric.& Food Chem.*, **49**, 4420-4423 (2001).

(32) E.M.R. Podrigez, *et al.*, Mineral conc.in cow's milk from the Canary Island, *J. Food Composition & Analysis*, **14**, 419-430 (2001).

(33) 服部篤彦ら、投稿中

第4章

（1） R. Early ed., The technology of dairy products, 2nd edn., Blackie Academic & Professional, London, (1998).

（2） G.D. Miller, J.K. Jarvis, and L.D. Mcbean eds., Handbook of dairy foods and nutrition, 2nd edn., National Dairy Council, CRC Press, Boca Raton, (2000).

（3） A.H. Varnam and J.P. Sutberland, Milk and Milk Products, Chapman & Hall (1994).

（4） 足立達、「牛乳-生乳から乳製品まで-」、柴田書店（１９８０）。

（5） 上野川修一 編、「乳の科学」、朝倉書店（１９９６）。

（6） 吉川正明、細野明義、中澤勇二、中野覚 共編、「ミルクの先端機能」、弘学出版（１９９８）。

（7） 山内邦男、横山健吉編、「ミルク総合事典」、朝倉書店（１９９２）。

（8） 野口洋介、「牛乳・乳製品の知識」、幸書房（１９９８）。

（9） P.F. Fox edt., Advanced dairy chemisitry vol. 1, Proteins, Elsevier Science Publisher, (1992).

（10） P.F. Fox edt., Advanced dairy chemisitry vol. 2, Lipids, Chapman & Hall (1995).

（11） 藤田哲、「食用油脂、その利用と油脂食品」,幸書房（２０００）。

(12) 斉藤善一ほか、「畜産食品加工学」、川島書店（１９９０）。
(13) 社団法人日本乳業協会、「日本乳業年鑑２００２年版」（２００２）。
(14) 社団法人全国牛乳普及協会、「バター&生クリーム情報源」（２００１）。
(15) ポケット農林水産統計２００１、農水省統計情報部（２００１）。
(16) 健康・栄養情報研究会編、「第六次改訂日本人の栄養所要量 食事摂取基準」第一出版（１９９９）。
(17) 新食品成分表編集委員会、「２００１新食品成分表（五訂食品成分表準拠）」一橋出版（２００１）。
(18) J.E. O'Connel, *et al.*, Ethanol - dependent heat - induced dissociation of caseine micelles, *J. Agric.& Food Chem.*, **49**, 4420-4423 (2001).
(19) M.T. Satue - Gracia, *et al.*, Lactoferrin in infant formulas: effect on oxidation, *J. Agric.and Food Chem.*, **48**, 4984-4990 (2000).

第5章

(1) G.D. Miller, J.K. Jarvis, and L.D. Mcbean eds., Handbook of dairy foods and nutrition, 2nd edn., National Dairy Council, CRC Press,Boca Raton,(2000).
(2) E.E. Ziegler and L.J. Filer, Jn. edt., Resent knwoledge in Nutrition 7th edn., ILSI

Press, Washington, DC, (1996).
(3) 上野川修一 編、「乳の科学」、朝倉書店（１９９６）。
(4) 吉川正明、細野明義、中澤勇二、中野覚 共編、「ミルクの先端機能」、弘学出版（１９９８）。
(5) D. Kritchevsky and K.K. Carroll edts., Nutrition and disease update Heart disease, AOAC Press, (1994).
(6) K.K. Carroll and D. Kritchevsky edts., Nutrition and disease update Cancer, AOAC Press, (1994).
(7) 藤田哲、「食用油脂、その利用と油脂食品」、幸書房（２０００）。
(8) 社団法人日本乳業協会、「日本乳業年鑑」２００２年版まで各年度。
(9) 農林水産統計
(10) 健康・栄養情報研究会編、「第六次改訂日本人の栄養所要量 食事摂取基準」第一出版（１９９９）。
(11) 新食品成分表編集委員会、「２００１新食品成分表（五訂食品成分表準拠）」一橋出版（２００１）。
(12) 矢野恒太記念会編、「日本国勢図会、各年度版」、国勢社
(13) G.V. Mann, *et al.*, Cardiovascular disease in Massai, *J. Atheroscler. Res.*, **4**, 289-312 (1964).

(14) D.M. Hegsted, L.M. Ausman and G.E. Dallal, Dietary fat and serum lipids: an evaluation of the experimental data, *Am. J. Clin. Nutr.*, **57**, 875 (1993).

(15) M.L. Sorensen, *et al.*, Dietary calcium intake as a mitigating factor in colon cancer, *Am. J. Epideml.*, **128**, 504 (1988).

(16) P. Hollingsworth, Yogurt reinvent itself, *Food Technology*, **55**,(3), 43-46 (2001).

(17) F. Katz, Active cultures add function to yogurt and other foods, *Food Technology*, **55**,(3), 46-49,(2001).

(18) E. Christiansen, et al., Conjugated linoleic acid, *Inform*, **11**, 1136-1138 (2000).

(19) 藤田哲、機能性食品7、乳と乳製品の機能性、ニューフードインダストリー、**42**, (10),1-9 (2000).

(20) M.E. Sanders, Probiotics, *Food Tecnol.*, **53**,(11), 67-77 (1999)

(21) S.D. Banon, N. Vetier and J. Hardy, Health benefits of yogurt consumption, *International J. Food Properties*, **2**, 1-12 (1999).

第6章

(1) 社団法人日本乳業協会、「日本乳業年鑑」２００２年版まで各年度。

(2) 農林水産統計

（3）野村証券金融研究所、「乳業業界-業界基礎知識と大手3社の状況」（2001）。
（4）三友盛行、「マイペース酪農、風土に生かされた適正規模の実現」、農山漁村文化協会（農文協）（2000）。

第7章

（1）三友盛行、「マイペース酪農、風土に生かされた適正規模の実現」、農山漁村文化協会（農文協）（2000）。
（2）上田孝道、「和牛のノシバ放牧、在来草・牛力活用で日本的畜産」、農文協（2000）。
（3）農林漁業金融公庫編、「中山間地域の農林業と定住条件」、（1995）。
（4）Statistics New Zealand 2002（NZ政府資料，2002）
（5）New Zealand Official Year Book 2000,（NZ政府資料，2001）
（6）中村靖彦、「狂牛病－人類への警鐘－」、岩波新書（2001）。
（7）国勢社、「日本の百年」四版（2000）。

あとがき

二〇〇二年七月に世界保健機関WHOは、ガン抑制国家計画を発表しました。二〇〇〇年の世界のガン死亡は約六〇〇万人で、二〇年後には九八〇万人になるだろうと予測しています。しかし、予防によってガン罹患を三分の一は減らすことができるとしています。多くの疾病、特に生活習慣病は、食生活をはじめとする、良好な生活習慣の実行によって予防できます。この本では牛乳・乳製品の健康効果の説明に重点をおきましたが、バランスのとれた食事が健康の基礎になります。そして何よりも個人の自覚が大切です。過保護は自立を損ないます。もし健康保険制度が不十分で、患者負担が費用の半分であったならば、人々はもっと疾病予防を心がけるでしょうし、医療への評価も厳しくなるはずです。

手厚い保護を受けている階層の人ほど自立心と理想を失って、世の中の動きに遅れをとり、自分の立場を悪化させることは、歴史が証明しています。税金は払うものではなく、頂くものと考える人々は、現状を変えたいとは思わないでしょう。何が本来的にあるべき姿であるかを考え、理想のために自分がどうするかを、選んで実行できなくなるためです。このことは現在の政治、経済、社

著者略歴

藤田　哲（ふじた　さとし）

1953年　東京大学農学部農芸化学科（旧制）卒業
1953-68年　大日本製糖㈱勤務，パン酵母および蔗糖エステルの研究開発
1969-90年　旭電化工業㈱勤務，各種乳化油脂食品，天然系界面活性剤，酵素生産・利用の研究開発
1988年　技術士（農学・農芸化学），食品衛生管理士
1990年　藤田技術士事務所開業
1991年　農学博士（東京大学）
現　在　食品化学，食品，農産製造分野の研究開発コンサルタント
著　書　「コーヒーの生理学」（訳書，めいらくグループ），「乳化・分野プロセス」（分担執筆，サイエンスフォーラム），「食品乳化剤と乳化技術」（分担執筆，工業技術会），「食品コロイド入門」（訳書，幸書房），「新食感事典」（分担執筆，サイエンスフォーラム），「食品のうそと真正評価」（エヌ・ティー・エス）その他報文，総説多数.

牧場から健康を
これからの酪農と牛乳の栄養価

2002年9月20日　初版第1刷発行

著　者　藤　田　　哲
発行者　桑　野　知　章
発行所　株式会社　幸《さいわい》書　房

〒101-0051　東京都千代田区神田神保町1-25
phone 03(3292)3061　Fax 03(3292)3064
振替口座 00110-6-51984 番

㈱平文社

URL　E-mail
[http://www.saiwaishobo.co.jp]　[e-saiwai@msi.biglobe.ne.jp]
ISBN 4-7821-0212-7 C 1061